Neelam Mishra Pandey

Efeito dos óleos essenciais em espécies de leveduras submetidas a stress térmico

Neelam Mishra Pandey

Efeito dos óleos essenciais em espécies de leveduras submetidas a stress térmico

ScienciaScripts

Imprint

Cover image: www.ingimage.com

This book is a translation from the original published under ISBN 978-3-659-89210-3.

Publisher:
Sciencia Scripts
is a trademark of
Dodo Books Indian Ocean Ltd. and OmniScriptum S.R.L publishing group

120 High Road, East Finchley, London, N2 9ED, United Kingdom
Str. Armeneasca 28/1, office 1, Chisinau MD-2012, Republic of Moldova, Europe
Managing Directors: Ieva Konstantinova, Victoria Ursu
info@omniscriptum.com

Printed at: see last page
ISBN: 978-620-8-57319-5

Dedicado a

Os meus pais, os meus professores, o meu marido Dr. Vijyendra Pandey, os meus amigos e a minha família ....

ÍNDICE

ABREVIATURAS

°C	Degree centigrade
D/W	Distilled water
gms.	Grams
hrs.	Hours
ml	Milli litre
M	Molar
mM	Milli Molar
mins	Minutes
N	Normality
ppm	Parts per million
R.T.	Room temperature
Sr. No.	Serial number
%	Percentage

Capítulo 1

INTRODUÇÃO E OBJECTIVOS do estudo

1.1 INTRODUÇÃO:

Embora a lesão subletal e a subsequente recuperação das bactérias tenham sido reconhecidas há várias décadas, só na última década é que os microbiologistas alimentares reconheceram que as leveduras e os bolores são susceptíveis de sofrer lesões quando expostos a condições ambientais adversas (Stevenson, K. E., et al., 1978). As células fúngicas podem ser danificadas por uma série de condições de stress no ambiente, mas a debilitação devida à exposição a temperaturas extremas tem sido estudada mais extensivamente.

Foi demonstrado que a lesão térmica das células resulta num aumento da sensibilidade ao pH ácido (Koburger, J. A., 1971, Menegazzi, et al., 1980, Nelson, F. E., 1972) e ao cloreto de sódio (Adams, G. H. et al., 1976, Beuchat, L. R., 1978) e numa redução da atividade da água (Beuchat, L. R., 1982). Foi demonstrado que as células fúngicas submetidas a stress térmico apresentam uma maior sensibilidade a níveis baixos de produtos químicos utilizados para preservar os alimentos da deterioração microbiológica e organoléptica. O ácido sórbico (Beuchat, L. R., 1981, Tsuchido, T. M. et al., 1972) e antioxidantes como o hidroxianisol butilado e a butil-hidroquinona terciária (Eubank, V.L. et al., 1982) a níveis inferiores a 0,1% têm um efeito letal nas células danificadas.

A atividade antimicrobiana das especiarias e ervas aromáticas habitualmente utilizadas para temperar os alimentos tem sido documentada. A maioria dos estudos tem sido direcionada para a determinação dos efeitos de extractos aquosos e óleos essenciais de especiarias no crescimento e produção de toxinas por bactérias (DeWit, J. C. et al., 1979, Johnson, M.G. et al., 1969, Mantis, A. J. et al., 1978). O estudo aqui relatado foi concebido para determinar a resposta de células lesionadas pelo calor de leveduras de deterioração alimentar a óleos essenciais de plantas utilizadas na indústria alimentar como agentes condimentares.

1.2. OBJECTIVOS DO ESTUDO

O presente estudo inclui os seguintes objectivos:

> **Enriquecimento** de leveduras a partir de uma amostra de compota estragada e de ketchup de tomate.

- Compota estragada - Kissan
- Ketchup de Tomate Estragado - Kissan

> **Isolamento** de leveduras a partir da cultura enriquecida.

> **Identificação** de isolados de leveduras com base em :-

- Caraterísticas morfológicas.
    - ✓Caraterísticas das células vegetativas
    - ✓Caraterísticas da reprodução vegetativa
- Caraterísticas culturais.
    - ✓Crescimento em meios sólidos
    - ✓Crescimento em meio líquido
- Caraterísticas sexuais.
    - ✓Formação do asco e do ascósporo
- Caraterísticas fisiológicas.
    - ✓Utilização de compostos orgânicos como única fonte de carbono para o crescimento aeróbio.
    - ✓Utilização de compostos orgânicos como única fonte de azoto para o crescimento aeróbio.
    - ✓Capacidade de fermentar açúcares
    - ✓Crescimento em vitaminas - free media
    - ✓Produção de compostos extracelulares do tipo amido

✓Avaliação do crescimento a uma concentração elevada de D - glucose

✓Crescimento da preferência pela ciclo-heximida

✓Redução de nitratos

✓Hidrólise da ureia

✓Ensaio com azul de diazónio B (DBB)

> Determinação da **resistência ao calor** dos isolados de levedura, para determinar a temperatura que reduziu a população viável em 50-99%.

> **Stress térmico** dos isolados de levedura em função da sua sensibilidade relativa ao calor. (À temperatura que reduziu a população viável em 99%).

> **Controlo da esterilidade dos óleos essenciais** de plantas (especiarias).

> **Verificação da sensibilidade** de isolados de levedura aquecidos (stress térmico) e não aquecidos a várias concentrações **(25, 50, 100, 200 ppm)** de **óleos essenciais** de plantas (especiarias).

- Óleo essencial **de cravinho**
- Óleo essencial **de canela**.
- Óleo essencial **de mostarda**
- Óleo essencial **de alho**

Capítulo 2

ENRIQUECIMENTO E ISOLAMENTO DE LEVEDURAS DE AMOSTRAS DE COMPOTA ESTRAGADA E KETCHUP DE TOMATE

2. ENRIQUECIMENTO E ISOLAMENTO DE LEVEDURAS DE AMOSTRAS DE COMPOTA ESTRAGADA E KETCHUP DE TOMATE.

2.1 PREFÁCIO:

As leveduras estão amplamente distribuídas na natureza. Vivem de forma saprófita, obtendo acesso a uma variedade de frutos, material sacarino, polissacáridos e materiais amiláceos. A deterioração da fruta crua e transformada e dos produtos à base de fruta é mais frequentemente causada por leveduras e bolores ou por bactérias do ácido lático.

O presente capítulo inclui o isolamento e a identificação de leveduras das amostras de compota de fruta estragada e de ketchup de tomate.

2.2 REVISÃO DA LITERATURA:

2.2.1 Caraterísticas das leveduras

As leveduras são eucariotas unicelulares classificadas no reino fungi. As leveduras são contaminantes ambientais comuns e estão naturalmente presentes numa grande variedade de alimentos, como as peles de uvas, maçãs e pêssegos. As leveduras estão também frequentemente associadas a insectos como modo de transmissão. A maioria das leveduras reproduz-se por brotamento assexuado, no entanto algumas, como a *Schizosaccharomyces pombe,* reproduzem-se por fissão.

Embora a parede celular da levedura seja considerada muito forte, também pode ser muito porosa. Constituindo entre 25-50% do volume de uma célula de levedura, a parede celular é composta maioritariamente por manoproteína, B1, 3 glucano e quitina (Lipke e Ovaile 1998). Juntamente com estes compostos, os esteróis desempenham um papel vital na permeabilidade da membrana. Nas células de levedura, o ergosterol é o principal esterol presente. Este homólogo do colesterol encontrado nas células dos mamíferos, o ergosterol é responsável pela manutenção e construção da membrana celular, bem como pela regulação da fluidez, permeabilidade e resistência ao etanol das membranas (Deytieux e outros 2005).

2.2.2 Resultados do crescimento nos alimentos - Da fermentação à deterioração

As leveduras têm uma longa história de utilização na alimentação devido à sua capacidade de metabolizar açúcares em condições anaeróbicas e aeróbicas e de produzir etanol e dióxido de carbono. A sua capacidade de produzir etanol é utilizada no fabrico de bebidas alcoólicas, como a cerveja, o vinho e o uísque, enquanto a sua capacidade de produzir grandes quantidades de dióxido de carbono é utilizada na panificação. A principal espécie utilizada no processamento de alimentos e, por conseguinte, frequentemente utilizada como levedura na investigação *é a Saccharomyces cerevisiae.*

A natureza ubíqua das leveduras torna-as prováveis contaminantes de um certo número de produtos alimentares, e os efeitos da contaminação e do crescimento variam, sendo o mais notório a produção de gás. A maior parte das alterações nas propriedades sensoriais dos alimentos contaminados com leveduras deteriorantes passam despercebidas até que as concentrações celulares atinjam 5-6 log UFC/g, e nenhum efeito físico é observado até que os números atinjam 7-8 log UFC/g (Fleet 1992). A este nível, pode observar-se o inchaço e mesmo a explosão de embalagens de alimentos. Os alimentos mais frequentemente afectados incluem produtos lácteos, tais como iogurtes e queijo cottage (Fleet 1992). No entanto, também foi relatado o inchaço por gás de carnes fatiadas, frutos do mar, frutas e vegetais embalados (Fleet 1992). No vinho e nas cervejas, a deterioração ocorre frequentemente durante o envelhecimento dos produtos (Loureiro 2003) e a deterioração é mais subtil, resultando apenas em sabores ligeiramente estranhos. Noutros produtos, como os queijos e os leites fermentados, a descoloração, as alterações de textura e a produção de gás podem ser observadas, bem como os sabores estranhos (Jakobsen e Narvhus, 1995). Quando as leveduras de deterioração contaminam produtos emulsionados, tais como molhos para salada, pode observar-se a rutura da emulsificação e a produção de gás (Kurtzman e outros 1971). Num estudo efectuado por Waite, Jones e Yousef, estes relataram que a produção de gás de fermentação é uma das principais causas de falha do produto de molhos à base de maionese (Waite e outros 2009). Esta produção de gás pode causar danos à embalagem do produto. Os danos na embalagem podem comprometer a segurança do produto ao comprometer a vedação, o que pode introduzir mais oxigénio ou outros contaminantes nos alimentos.

2.2.3 Tolerância a factores intrínsecos

A maioria, se não todas, as estirpes de leveduras apresentam um certo grau de tolerância a ambientes altamente ácidos. Estudos demonstraram uma tolerância da maioria das estirpes de leveduras a pH tão baixo como 3,0 ou tão alto como 10,0 (Deak 2008). A exportação de protões através da membrana celular permite que as células de levedura regulem o pH no interior da célula (Praphailong e Fleet 1997). Uma teoria da tolerância ao pH é que as estirpes mais tolerantes ao pH baixo têm uma membrana plasmática mais estável e eficiente, mas tal não foi provado experimentalmente (Praphailong e Fleet 1997).

Cerca de 800 estirpes de leveduras foram isoladas de produtos de elevada acidez, tais como sumos de fruta e refrigerantes (Barnett e outros 2000). Devido ao baixo pH ($< 4,6$), poucos microrganismos são conhecidos por competir com as leveduras pelo crescimento nestes produtos. A levedura *Candida davenportii,* identificada numa instalação de produção de refrigerantes nos Países Baixos, causou deterioração a um pH tão baixo como 1,4. A levedura foi originalmente isolada de uma vespa encontrada numa torneira externa de um tanque de armazenamento de xarope de açúcar (Stratford 2002). Embora a deterioração ativa a um pH de 1,4 não seja comum, *a Zygosaccharomyces bailii* apresenta uma tolerância particularmente forte a ambientes altamente ácidos. Num estudo que avaliava a tolerância ao pH de várias leveduras, verificou-se que a Z. bailii crescia melhor a um pH de 3,0 e, na verdade, não apresentava crescimento a um pH de 7,0 (Praphailong e Fleet 1997). *Z. bailii* também apresentou uma maior tolerância a NaCl, glucose, sorbato e benzoato a um pH de 3,0 do que a um pH mais elevado (Praphailong e Fleet 1997).

As leveduras também apresentam uma tolerância à redução da atividade da água. Esta capacidade, para a maioria das estirpes, pode ser atribuída à trealose. A trealose é um dissacárido não redutor composto por duas moléculas de glucose ligadas por uma ligação a,a-1,1- glicosídica (Elbein e outros 2003). Inicialmente, considerava-se que actuava apenas como um armazenador de energia para a síntese de componentes celulares, mas reconhece-se atualmente que desempenha outras funções (Elbein e outros 2003). Em estudos com *Saccharomyces cerevisiae,* verificou-se que a trealose é um composto importante para a sobrevivência das células quando expostas a um stress osmótico grave. As taxas de morte eram mais baixas nas células que continham mais trealose intracelular (Hounsa e outros 1998).

A trealose pode também estar relacionada com a resistência ao stress térmico. Podem também ser encontradas grandes quantidades de trealose nas células de S. cerevisiae que sofreram um choque térmico, mas as reservas de trealose desaparecem rapidamente quando as células regressam à temperatura ambiente (Hottiger e outros 1987). Foi observada uma atividade semelhante em *Schizosaccharomyces pombe*, onde se verificou que a trealose protege tanto contra o stress osmótico como contra o stress térmico. Estudos mostram que as células de S. pombe que crescem até a fase de logaritmo médio a 27°C continham quantidades mínimas de trealose (Virgilio e outros 1990). Quando as células foram transferidas para 40°C, elas rapidamente acumularam altos níveis de trealose, que foi subsequentemente perdida em temperaturas mais baixas. Isto só se verificou quando as células foram cultivadas na presença de glucose. Pensava-se que a presença de proteínas de choque térmico (hsp) resultava na tolerância térmica das leveduras. No entanto, estudos recentes indicam que a produção de hsp diminuiu muito a 40°C ou mais (Ribeiro e outros 1997). Isto sugere que a trealose é responsável pela baixa atividade hídrica e pela tolerância ao calor de S. pombe.

As leveduras desempenham normalmente um papel importante nas condições de deterioração favoráveis ao seu crescimento, podem ser um fator importante de deterioração e podem causar grandes perdas económicas, especialmente em alimentos com elevado teor de açúcar/ácido, ou seja, alimentos em que a competição bacteriana é restrita.

Ao longo dos anos, um grande número de leveduras de deterioração alimentar foi isolado de mel, compota, ketchup de tomate, xaropes, alimentos fermentados com elevado teor de sal e diferentes amostras de fruta. As leveduras isoladas da compota estragada eram *Zygosaccharomyces,* uma subdivisão do género *Saccharomyces.* A identificação exacta dos isolados de leveduras é uma parte essencial da análise da flora de leveduras dos alimentos em estudos ecológicos. As leveduras são tradicionalmente caracterizadas, classificadas e identificadas por critérios morfológicos e fisiológicos.

2.2.4 Produtos com elevado teor de açúcar

Os legumes desidratados, as farinhas de cereais, as massas, o leite em pó e outros alimentos secos contêm geralmente menos de 25% de humidade e têm um *aw* < 0,60. Estes produtos são microbiologicamente estáveis durante períodos de tempo indefinidos, desde que se mantenham secos. Os alimentos de humidade intermédia (IMF) variam muito em termos de aw (0,60-0,90) e de teor de humidade (10-50%), sendo necessária a adição de conservantes ou outros obstáculos para a sua preservação. Esta categoria inclui muitos alimentos que contêm 50-70% de açúcar, nos quais as bactérias são inibidas, mas alguns bolores e leveduras podem crescer em aw> 0,70. Os alimentos com elevado teor de açúcar são geralmente estáveis à temperatura ambiente durante longos períodos. Entre estes alimentos encontram-se o mel, os xaropes, a compota, a geleia, o fudge, a marmelada, o maçapão, os frutos secos e os concentrados de fruta. Outros produtos com elevado teor de açúcar, tais como bolachas, caramelos, rebuçados, chocolates e açúcares refinados, contêm apenas 15-20% de humidade e, normalmente, também são estáveis à temperatura ambiente.

A estabilidade dos produtos com elevado teor de açúcar depende principalmente da aw, combinada com outros factores como o pH, a presença de conservantes, a temperatura, o modo de acondicionamento e as condições de armazenamento. A deterioração pode ser causada por fungos xerotolerantes, também referidos como osmófilos (Tilbury, 1980a, b; Corry, 1987). Com valores de aw na gama de 0,70-0,85, a taxa de crescimento destes organismos é muito lenta e, por isso, a deterioração dos produtos pode tornar-se aparente apenas após muitos meses (Jerminsi e Schmidt-Lorenz, 1987). No entanto, se os produtos com elevado teor de açúcar forem armazenados numa atmosfera de humidade relativa elevada, a aw aumenta devido à higroscopicidade, o que pode permitir um crescimento significativamente mais rápido.

Investigadores anteriores relataram que estirpes de muitas espécies de leveduras eram capazes de estragar produtos com aw tão baixo como 0,61 (Onishi, 1963). Tal como foi referido por Jerminsi et al. (1987) e Jerminsi e Schmidt-Lorenz (1987a), este facto deveu-se à incerteza da medição e expressão do grau de tolerância ao açúcar. A nomenclatura e a taxonomia destas leveduras criam também confusão. As leveduras raramente são capazes de crescer a uma *aw* inferior a 0,70 e as espécies mais frequentemente isoladas de produtos com elevado teor de açúcar são as atualmente classificadas no género *Zygosaccharomyces* (James e Stratford, 2003).

Tokouka et al. (1985) e Jerminsi et al. (1987) isolaram exclusivamente *Zygo. rouxii* do mel. Poncini e Wimmer (1986) também detectaram estirpes *de Zygo. rouxii*, bem como de *Tsp. delbrueckii*, *S. cerevisiae*, *Schizo. octosporus* e *Met. reukaufii* no mel. Jerminsi et al. (1987) isolaram 28 estirpes de leveduras xerotolerantes a partir de mel estragado, concentrados de sumo de fruta, maçapão, xaropes e outros produtos com elevado teor de açúcar.

Tabela 2.1: Leveduras frequentemente isoladas de produtos com elevado teor de açúcar

Espécies	Fontes
C. apicola	Açúcar refinado, passas de uva

C. etchellsii	Passas de uva, açúcar bruto, frutos secos, xarope
C. lactiscondensi	Frutos cristalizados, frutos secos, açúcar refinado
C. versatilis	Açúcar bruto, sumo concentrado
Db. hansenii	Compota, xarope, açúcar bruto, melaço, produtos de confeitaria
Hsp. guilliermondii	Concentrados de frutos, passas de uva
Klu. marxianus	Cana-de-açúcar, figos secos, melaço
Lachancea thermotolerans	Passas de uva, açúcar bruto, maçapão
P. anomala	Doces, passas, frutos secos, produtos de confeitaria, melaço
P. fermentans	Passas de uva, melaço, açúcar bruto
P. membranifaciens	Açúcar de cana, melaço, passas de uva
S. cerevisiae	Mel, frutas cristalizadas, passas de uva, produtos de confeitaria
Schizo. octosporus	Mel, rebuçados, melaço, frutos secos
Schizo. pombe	Passas de uva, açúcar de cana, melaço
Tsp. delbrueckii	Mel, fruta cristalizada, açúcar bruto, melaço, passas de uva
Zygo. bailii	Concentrados de frutos, melaços, frutos secos
Zygo. Bisporos	Compotas, xaropes, açúcar bruto, melaço
Zygo. mellis	Mel, xaropes, feijões salgados
Zygo. rouxii	Mel, xaropes, sumos concentrados, melaço, passas de uva, produtos de confeitaria, molho de soja, miso

Todas as estirpes foram identificadas com *Zygo. rouxii,* com exceção de duas estirpes de *Zygo. bailii* e uma estirpe de cada *Tsp. delbrueckii* e *Db. hansenii,* originárias de concentrados de laranja, bebidas fitness e figos enlatados com *aw* relativamente mais elevado (0,835-0,991). Embora as estirpes de *Zygo. rouxii* tenham sido isoladas de produtos com *aw* tão baixo como 0,631, não cresceram abaixo de aw 0,76. Tokouka et al. (1985) demonstraram que apenas as estirpes de *Zygo. rouxii, Zygo. Bisporus,* e *C. lactis-condensi* cresciam melhor a aw 0,91-0,95 do que a 0,986, e consideraram estas leveduras como osmofílicas. Jerminsi et al. (1987) registaram apenas uma única estirpe de *Zygo. rouxii* que era osmófila.

Tokouka et al. (1985) isolaram várias leveduras xerotolerantes de produtos com alto teor de açúcar. *Zygo. rouxii* foi mais frequentemente encontrada no açúcar e no melaço. Estirpes isoladas de *Schizo. octosporus, Schizo. pombe, Tsp. globosa* e

C. mannitofaciens foram também isoladas destes produtos. Em compotas, ocorreram *Db. hansenii, P. anomala, C. silvicola* e *Rho. mucilaginosa*; *Zygo. rouxii, C. lactis- condensi, Tsp. delbrueckii* e *S. cerevisiae* foram detectados em frutos cristalizados; e *P. anomala, Tsp. delbrueckii* e *C. tropicalis* foram isolados de produtos de confeitaria. Tokouka e Ishitani (1991) isolaram 35 estirpes de leveduras de alimentos com elevado teor de açúcar e materiais relacionados. Apenas cinco estirpes eram de *Zygo. rouxii;* as restantes representavam várias outras espécies. Uma estirpe de *Z. rouxii* foi capaz de crescer a aw 0,67 num meio contendo frutose, enquanto que sete *Candida* spp. tinham um aw mínimo para o crescimento de cerca de 0,79.

Orszaghova e Kieslingerova (1984) isolaram apenas *Zygo. rouxii* de produtos de confeitaria defeituosos e de frutos cristalizados em fermentação. Estas estirpes, bem como as estirpes de coleção de *Db. Hansenii* e *S. cerevisiae* cresceram bem a uma aw de 0,75. As estirpes xerotolerantes podem ser isoladas a partir de frutos secos e as leveduras não xerotolerantes a partir de frutos frescos. Madan e Gulati (1980) detectaram *P. angusta, P. ciferrii, P. subpelliculosa , P. polymorpha, P. anomala, S. cerevisiae, C. lactis-condensi,* e *C. etchellsii* em passas, tâmaras e castanhas de caju. Tokouka et al. (1985) isolaram *Lachance thermotolerans, Spb. roseus*, e *Schizo. pombe* de passas e tâmaras secas.

O açúcar refinado contém geralmente apenas um número muito reduzido de microrganismos. O açúcar branco cristalino pode conter 100-200 bactérias e apenas 1-3 leveduras em 10 g (Klaushofer et al., 1971). O crescimento microbiano ocorre, no entanto, durante a produção de açúcar de cana e de beterraba. As leveduras encontram as condições óptimas de crescimento nos sumos em várias fases da produção. Embora tanto a cana-de-açúcar como a beterraba sacarina sejam matérias-primas altamente contaminadas, a maioria dos microrganismos é destruída durante o processamento. O açúcar bruto pode contaminar-se com leveduras tolerantes ao açúcar que podem desenvolver biofilmes nas superfícies do equipamento durante o funcionamento contínuo das fábricas (Tilbury, 1980b). A *aw* do açúcar bruto pode variar entre 0,575 e 0,825, e tanto as leveduras frutófilas como as xerotolerantes (osmófilas) *(Zygo. rouxii, Db. hansenii, C. etchellsii, C. versatilis, C. gropengiesseri),* assim como as leveduras não xerotolerantes *(P.*

anomala, P. farinosa, S. cerevisiae) podem ser encontradas no açúcar bruto de cana (Tilbury, 1980b). Bärwald e Hamad (1984) isolaram 23 estirpes de leveduras de amostras de sumo retiradas de linhas de processamento em duas fábricas de açúcar de cana. Estas estirpes pertenciam a 9 géneros e a 11 espécies; no entanto, apenas 7 estirpes de *Klu. marxianus* presentes em quase todas as amostras eram de importância prática devido à sua tolerância ao calor a 55 °C. As outras leveduras ou não eram termo ou xerotolerantes ou não assimilavam a sacarose.

Garcia e Alcina (1981) observaram também estirpes *de Kluyveromyces* e *Brettanomyces* capazes de crescer a 40°C. A importância destas leveduras na produção de açúcar não pode, no entanto, ser comparada com os problemas potenciais associados às bactérias termófilas ou às estirpes *de Leuconostoc* formadoras de dextrano. Anderson et al. (1988) isolaram leveduras termotolerantes da cana de açúcar que eram capazes de fermentar a sacarose a temperaturas superiores a 40°C. A maioria (80%) das estirpes eram *Klu. marxianus* e *Klu. lactis,* algumas das quais cresceram até 47°C. Também se registaram algumas estirpes de *P. angusta, S. cerevisiae, Db. hansenii, P. membranifaciens, Geo. capitatum* e *C. oleophila.* O mel, com um teor de açúcar superior a 80%, correspondendo a uma atividade de água igual ou inferior a 0,6, e com um pH baixo (3,9, intervalo 3,4-5,5), está geralmente protegido contra a deterioração microbiana. Além disso, o mel tem algumas propriedades antimicrobianas, sendo a mais importante o sistema de glucose oxidase que produz peróxido de hidrogénio. Apenas dois grupos de microrganismos, as leveduras e as bactérias formadoras de esporos, são preocupantes no mel (Snowdon e Cliver, 1996). Em alguns casos, o mel causou botulismo infantil; pode ser fermentado por leveduras xerófilas se absorver água. O mel pode conter microrganismos em contagens de cerca de 102 ufc g-1 que podem estar inactivos, sem crescimento, ou mesmo em estado VBNC. As principais fontes de contaminação microbiana são o néctar, o pólen e as próprias abelhas; no entanto, apenas as espécies *Saccharomyces* e *Candida* foram associadas às abelhas. Uma maior diversidade de leveduras, compreendendo pelo menos dez géneros, ocorre no mel, proveniente de fontes secundárias após a colheita do mel.

2.2.5 Alimentos conservados em ácido

Alguns alimentos são conservados com vinagre e sal, com ou sem outros conservantes. Estes incluem peixe marinado, vegetais, maionese e molhos para saladas. As BAL e as leveduras são os principais microrganismos de deterioração nestes produtos (Smittle, 1977a, b). Comi et al. (1981) relataram que as leveduras eram responsáveis pela deterioração dos cogumelos em conserva. *P. anomala* representou 95% dos isolados, e *C. etchellsii, C. parapsilosis,* e *P. canadensis* foram também detectados. Estas leveduras toleraram 20% de sal (aw 0,845). O ketchup de tomate e os molhos à base de tomate a pH 3,5-4,5 podem ser estragados por leveduras (Flores et al., 1988). *As leveduras* resistentes aos conservantes *Zygo. bailii, P. membranifaciens,* e *Iss. orientalis* são conhecidas por tolerar 1% de ácido acético, e estão envolvidas na deterioração de produtos com pH baixo (Pitt e Richardson, 1973; Draughon et al., 1981; Pitt e Hocking, 1988).

O prazo de validade destes produtos é determinado principalmente pelo baixo pH, pela utilização de conservantes químicos (ácido sórbico ou benzoico) e pela refrigeração. As saladas com molho preparadas a partir de matérias-primas de alta qualidade, sob rigorosas práticas de fabrico higiénico, podem ter um prazo de validade de 6-8 semanas a 5-7°C. A procura dos consumidores de produtos sem conservantes químicos e com um sabor ácido mais suave pode reduzir o prazo de validade. O controlo cuidadoso da concentração de acidulante e do pH nas guarnições para salada são pontos críticos na prevenção da deterioração (Debevere, 1987). A temperatura de refrigeração é também de importância primordial, porque a taxa de deterioração aumenta a temperaturas superiores a 5°C (Terry e Overcast, 1976). A deterioração pode ser causada por BAL, bolores e leveduras (Smittle, 1977b; Kirsop e Brocklehurst, 1982; Brocklehurst et al., 1983; Lindroth et al., 1985). As leveduras de deterioração mais importantes são *Kazach. exiguus, Naumovia dairensis, P. membranifaciens, Db. hansenii, Zygo. bailii,* e *Geo. candidum* (Baumgart, 1977; Smittle, 1977a; Smittle e Flowers, 1982; Brocklehurst et al., 1983; Brocklehurst e Lund, 1984). Uma forma é submetê-las a uma breve fermentação de ácido lático (Bonestroo et al., 1993). Outra abordagem consiste em embalá-los em atmosfera modificada (Buick e Damoglou, 1989). A utilização de 80% de N_2 e 20% de CO_2 em saladas embaladas resulta num prolongamento do prazo de validade de 2 semanas. *C. lambica*, *Db. hansenii*, e *Ya. lipolytica* foram as principais leveduras de deterioração isoladas dos vegetais embalados a gás saladas.

Quando a maionese ou o molho para salada é utilizado na preparação de vários produtos de charcutaria, a introdução de contaminantes com os ingredientes adicionados aumenta a probabilidade de deterioração, particularmente quando a temperatura de armazenamento aumenta acima dos 10°C. Foram descritos vários casos de deterioração causados por leveduras. Brocklehurst et al. (1983) e Brocklehurst e Lund (1985) observaram que *Kazach. exiguus, Naumovia dairensis* e *P. membranifaciens* eram capazes de crescer e produzir gás em saladas à base de maionese. Baumgart (1982) isolou *Kazach. exiguus*, *C. vini* e *Zygo. bailii* de alimentos estragados de delicatessen. Cantoni e Comi (1988) detectaram *C. inconspicua*, *C. parapsilosis*, *Db. hansenii*, *S. cerevisiae*, *Rho. mucilaginosa* e *Trisp. cutaneum* em saladas de maionese estragadas.

Uma vasta gama de leveduras foi isolada de saladas de batata e macarrão refrigeradas e de bolinhos chineses (gyoza). Kobatake e Kurata (1980b, 1983b) detectaram *C. intermedia*, *C. sake*, *Ya. lipolytica*, *Rho. glutinis*, *Rho. minsuta*, *Rho. mucilaginosa* , *Trisp. cutaneum*, *Guehom. pullulans*, *Cry. albidus*, *Cry. laurentii*, e *Cysto. infirmo-minsiatum* nestes produtos. A maioria destas leveduras é psicrotrófica, algumas delas, por exemplo, *Cysto. infirmo-minsiatum,* e espécies de *Trichosporon* são psicrófilas, e muitas exibem actividades proteolíticas e lipolíticas. Em contraste com a maionese e os molhos para salada, a margarina é uma emulsão de água em óleo. A fase aquosa da margarina contém sólidos do leite e sal, o que a torna suscetível à deterioração, na maioria das vezes por leveduras ou bolores. *Ya. lipolytica* e *Geo. candidum* são comuns entre as leveduras responsáveis pela deterioração (Muys, 1971).

2.2.6 Tipos de leveduras

Identificar, nomear e colocar as leveduras no seu quadro evolutivo adequado é importante para muitas áreas da ciência, incluindo a agricultura, a medicina, as ciências biológicas, a biotecnologia, a indústria alimentar e para determinar os direitos de propriedade industrial. Atualmente, são reconhecidas cerca de *750* espécies de leveduras, mas apenas algumas são frequentemente isoladas. Relativamente poucos habitats naturais foram investigados em pormenor para uma espécie de levedura.

Consequentemente, podemos assumir que muitas espécies adicionais aguardam a sua descoberta. Uma vez que as leveduras são amplamente utilizadas na biotecnologia tradicional e moderna, a exploração de novas espécies deverá conduzir a novas tecnologias.

Foram utilizadas várias definições para descrever o domínio das leveduras. De acordo com Guiller Mond e Lodder (1912, 1970), as leveduras são fungos que se reproduzem unicelularmente por brotamento ou fissão. Neste sentido, apenas os fungos unicelulares são considerados como leveduras. No entanto, muitas espécies de leveduras são dimórficas e produzem pseudo-hifas e hifas para além do crescimento unicelular. Da mesma forma, muitos fungos hifais são dimórficos e são geralmente referidos como semelhantes a leveduras. Devido à sobreposição na aparência morfológica, alguns autores consideram as leveduras meramente como fungos que produzem crescimento unicelular, mas que de outra forma não são diferentes dos fungos filamentosos [Flege T. W., 1977], ou como formas de crescimento fúngico unicelular que resultaram como uma resposta a um conjunto de pressões ambientais comummente encontradas [Kendrick, B., 1987]. Oberwinkler [1987] colocou as leveduras num quadro filogenético e definiu-as como unicelulares, estádios ontogenéticos de ascomicetes ou basidiomicetes [Van der Walt, J.P., 1987]. Em resumo, as leveduras são fungos ascomicetos ou basidiomicetos que se reproduzem vegetativamente por brotamento ou fissão, com ou sem pseudo-hifas e hifas, e que formam estados sexuais que não estão encerrados em corpos de frutificação.

Algumas leveduras podem reproduzir-se sexualmente, resultando numa alternância de gerações com a formação de células caraterísticas nas quais ocorre a divisão reducional (meiose). Nas leveduras ascomicetas, esta célula é o ascus, no qual se formam os ascósporos. Nas leveduras basidiomicetas, o local da meiose é chamado basídio, no qual se formam os basidiósporos exógenos. As leveduras que se reproduzem assexuadamente são designadas leveduras imperfeitas, mitospóricas ou anamórficas (por exemplo, *Cryptococcus neoformans, Candida utilis),* e as leveduras que se reproduzem sexualmente são designadas leveduras perfeitas, meiospóricas ou teleomórficas (por exemplo, *Filobasidiella neoformans, Pichia jadinii).*

A combinação de ambos os estados é chamada holomorfo, e para isso o nome do estágio sexual (teleomorfo) está a ser usado (nestes exemplos *F. neoformans* e *P. jadinii).* As comparações moleculares mostram que as leveduras ascomicetas são filogeneticamente distintas dos Ascomicetes filamentosos [Kurtzman, C.P. et al.,1995, 1997, 1998] enquanto que as leveduras basidiomicetas pertencem às três principais classes de Basidiomycetes, nomeadamente os Urediniomycetes, Ustilaginomycetes e Hymenomycetes [Fell, I.W, 2000].

A maioria dos autores considera 10 espécies de leveduras como as mais importantes na deterioração de produtos alimentares (Loureiro e Malfeito-Ferreira 2003; Pitt e Hocking 2009a). *Dekkera bruxellensis, Issatchenkia orientalis, Debaryomyces hansenii, Kloeckera apiculata, Pichia membranifaciens, Zygosaccharomyces bailii, Zygosaccharomyces bisporus, Saccharomyces cerevisiae, Zygosaccharomyces rouxii, Schizosaccharomyces cerevisiae* e *Candida holmii* foram todas consideradas como causadoras de deterioração alimentar. Mais de 120 espécies diferentes de leveduras estão listadas como estando associadas à deterioração dos alimentos, no entanto, a maioria das espécies não apresenta crescimento ou apresenta um crescimento fraco em alimentos corretamente processados (Barnett et al, 1983, Pitt e Hocking, 1985).

A.Saccharomycetaceae

É apropriado começar uma discussão detalhada com as leveduras pertencentes a *Saccharomyces* e géneros relacionados, cujos membros desempenham um papel importante na vida humana na produção de pão, cerveja, vinho e outros alimentos fermentados, bem como causam a deterioração de vários produtos alimentares. A história da ciência das leveduras, a zimologia, começa com a descoberta de *S. cerevisiae* e de outras espécies do género em meados do século XIX (Barnett, 2004).

Tabela 2.2. Classificação das leveduras basidiomicetas

Urediniomicetos	**Ustilaginomicetos**	**Hymenomycetes**
Agaricostilbales	Ustilaginales	Cystofilobasidiales
Kondoa	*Pseudozyma* (A)	*Xanthophyllomyces*
Kurtzmanomyces (A)	*Rhodotorula* (A)	*Phaffia* (A)
Sporobolomyces (A)	Microstromatáceas	*Cryptococcus* (A)
Esterignatomyces (A)	*Rhodotorula* (A)	Filobasidiales
Microbotryales	*Sympodiomycopsis* (A)	*Filobasídeo*
Leucosporidium	Malasseziales	Trichosporales
Rhodosporidium	*Malassezia* (A)	*Trichosporon* (A)
Rhodotorula (A)		*Cryptococcus* (A)
Sporobolomyces (A)		Tremeliques
Erythrobasidiales		*Bulleromyces*
Eritrobasídio		*Bullera* (A)
Rhodotorula (A)		*Cryptococcus* (A)
Sporobolomyces (A)		*Fellomyces* (A)
Sporidiobolales		*Dioszegia* (A)
Rhodosporidium		*Filobasidiella*
Rhodotorula (A)		
Sporidiobolus		
Sporobolomyces (A)		

Nota: (A): género anamórfico.

Desde então, a classificação aventureira das espécies e géneros resultou em numerosos rearranjos e alterações nomenclaturais que provavelmente terminam com o estabelecimento de bases filogenéticas (Barnett, 1992; Vaughan-Martini e Martini, 1995; Deak e Beuchat, 1996; Raineri et al., 2003). Foram publicadas revisões sobre *Saccharomyces* e géneros afins por Oda e Ouchi (2000), Viljoen e Heard (2000), Fleet (2006) e Kurtzman (2006a).

As sucessivas edições das monografias taxonómicas (Lodder, 1970; Kreger-van Rij, 1984) revelam mudanças drásticas no tratamento de *Saccharomyces* e géneros afins. Por outro lado, várias espécies de *Saccharomyces* reconhecidas anteriormente foram reunidas em *S. cerevisiae* por Yarrow (1984). Mais tarde, as espécies de *Saccharomyces* dividiram-se em dois grupos em sentido estrito e em sentido *lato (sensu stricto* e *sensu lato).* O primeiro grupo inclui *S. cerevisiae* e as espécies mais próximas, ou seja, *S. paradoxus*, *S. pastorianus* e *S. bayanus*, às quais se juntaram, mais recentemente, espécies recentemente descritas (*S. cariocanus*, *S. kudriavzevii* e *S. mikatae*). O grupo *Saccharomyces sensu lato* também aumentou de tamanho ao longo dos anos e incluiu pelo menos uma dúzia de espécies. Foi sugerido que duas delas, *S. telluris* e *S. transvaalensis*, fossem colocadas em géneros separados (*Arxiozyma* e *Pachytichospora*, respetivamente), enquanto as espécies recentemente descritas foram acrescentadas ao grupo (*S. kunashirensis*, *S. martiniae*, *S. naganishii*, *S. humaticus*, *S. yakushimaensis* e *S. bulderi*). *S. kluyveri* também apareceu como uma espécie aberrante do género.

Acumularam-se provas genéticas e moleculares que sugerem que tanto o grupo *sensu stricto* como o grupo *sensu lato* sobrecarregam o seu enquadramento. Por um lado, espécies anteriores como *S. uvarum* e *S. carlsbergensis* reduzidas à sinonímia com *S. cerevisiae* demonstraram ser espécies próprias e distintas, enquanto *S. pastorianus*, *S. bayanus* e outras provaram ser híbridos heterogéneos (Raineri et al, 1999; Naumov et al., 2000; Pulvirenti et al., 2000; de Barros Lopes et al., 2002; Antunovics et al., 2005; Nguyen e Gaillardin, 2005). No entanto, foi demonstrado que *S. boulardii*, um tipo de levedura utilizada como agente bioterapêutico e que se afirmava ser uma espécie separada, pertence a *S. cerevisiae* (van der Aa Kühle e Jespersen, 2003).

B.Saccharomycodaceae

Cinco géneros de leveduras, *Nadsonia, Wickerhamia, Hanseniaspora, Kloeckera* e *Saccharomycodes,* são caracterizados por um modo especial de brotamento bipolar, conferindo às células uma forma apiculada peculiar. As análises filogenéticas mostraram, no entanto, que esta caraterística morfológica não denota uma origem evolutiva comum. Pelo contrário, *Nadsonia* está relacionada com Dipodascaceae e *Wickerhamia* com Debaryomycetaceae, enquanto *Hanseniaspora-Kloeckera-Saccharomycodes* estão associadas a Saccharomycetaceae (Kurtzman e Robnett, 1998).

As leveduras apiculadas figuram entre as primeiras espécies de leveduras descobertas no sumo em fermentação em 1870. A sua taxonomia foi objeto de numerosos estudos. Os estudos moleculares acabaram por clarificar as suas relações e estabeleceram ligações teleomorfo-anamórficas entre *Hanseniaspora* e *Kloeckera* (Smith, 1984). Embora quatro novas espécies tenham sido recentemente adicionadas a *Hanseniaspora* (Cadez et al., 2003).

Kloeckera lindneri permaneceu sem homólogo teleomórfico. Entre *Hanseniaspora* e *Kloeckera,* os dois grupos puderam ser delineados; um (compreendendo *Hsp. occidentalis, Hsp. osmophila* e *Hsp. vineae)* foi proposto para ser colocado num género separado *Kloeckeraspora* (Yamada et al., 1992). No entanto, os dados filogenéticos moleculares não apoiam esta divisão (Boekhout et al., 1994; Esteve-Zarzoso et al., 2001), e até revelam quatro grupos (Cadez et al., 2002). *Saccharomycodes ludwigii* representa uma linha basal separada de *Hanseniaspora-Kloeckera* (Kurtzman e Robnett, 2003). As espécies de *Hanseniaspora* (*Kloeckera*) são normalmente encontradas no solo, nas folhas e nos frutos; iniciam a fermentação alcoólica dos extractos de frutos e podem também estragar as bebidas. *S'codes ludwigii* está principalmente confinado a exsudados e seivas de árvores, ocorrendo também em sidra em fermentação.

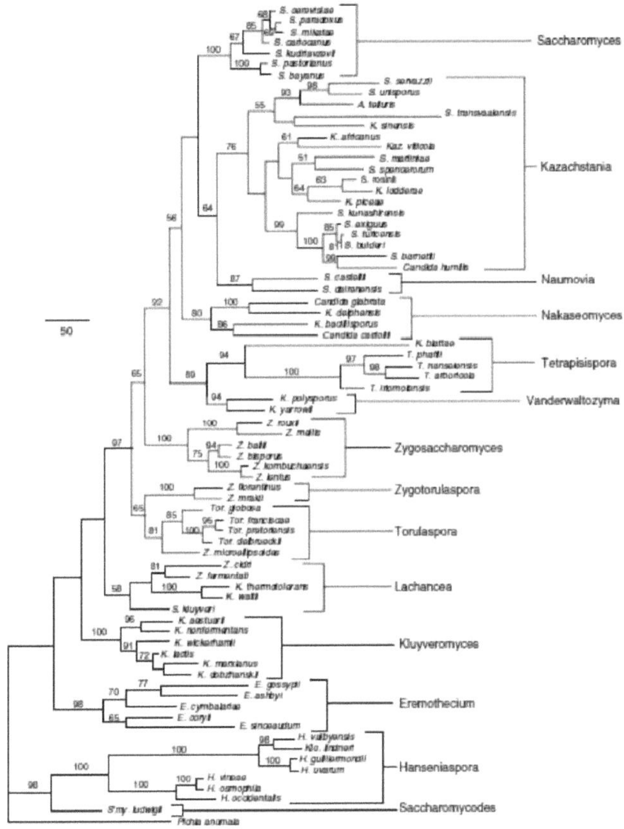

Figura 2.1: Estrutura filogenética de *Saccharomycetacea.* [Kurtzman, C.P. and Robnett, C. J. (2003)]

I) Zygosaccharomyces bailli:

Zygosaccharomyces bailii é uma levedura xerófila de deterioração frequentemente associada à maionese e aos molhos para salada. Bem conhecida pela sua resistência aos conservantes dc ácidos fracos, Z. bailii apresenta resistência aos ácidos sórbico, benzoico, acético e propiónico (Pitt e Hocking 2009a). Esta tolerância a conservantes de ácidos fracos pode ser atribuída a exposições múltiplas a níveis sub-letais de conservantes como os que se encontram nas máquinas de enchimento das fábricas de bebidas (Pitt e Hocking 2009a).

Como a maioria das leveduras, *Z. bailii* fermenta a glucose em dióxido de carbono, mas também pode crescer na presença de 400 mg/L ou mais de ácido benzoico ou sórbico. Este organismo também pode crescer a um pH tão baixo como 2,2. A temperatura óptima de crescimento de *Z. bailii* pode ser influenciada pela concentração de glucose no meio de crescimento. Num meio com 10% w/w de glucose, a temperatura óptima foi de 30-32°C e a temperatura mínima de crescimento foi de 6,6°C, enquanto num meio contendo 60% w/w de glucose as temperaturas óptima e mínima de crescimento foram de 34-36°C e 13°C, respetivamente (Pitt e Hocking 2009a).

II) Zygosacharomyces rouxii

Zygosaccharomyces rouxii é uma levedura hemiascomicética não convencional, estreitamente relacionada com *Saccharomyces cerevisiae.* Ao contrário desta espécie modelo e da maioria das outras leveduras, *Z. rouxii* é capaz de crescer em ambientes altamente concentrados (3,4 M NaCl, 60Q açúcar; Barnett et al. 1990, Hounsa 1992), o que a torna uma das espécies de leveduras mais osmotolerantes. No entanto, a base da sua osmotolerância única permanece ainda desconhecida. A estreita relação entre *Z. rouxii* e *S. cerevisiae* poderia resultar em aplicações biotecnológicas interessantes para *S. cerevisiae.*

Além disso, *as Z. rouxii* são capazes de crescer numa vasta gama de valores de pH, tais como pH 1,8 a 8,0 na presença de concentrações elevadas de glucose ou pH 1,5 a 10,5 num meio com 12% de glucose. Na sua revisão bem documentada sobre as leveduras de deterioração, Fleet mencionou que uma concentração elevada de açúcar pode aumentar ou diminuir a tolerância da levedura a pH baixo e sublinhou que seria necessário um estudo mais aprofundado destas influências para esclarecer as observações discrepantes que foram descritas.

C.Pichiaceae

Pichia é o segundo maior género de leveduras, incluindo mais de 100 espécies. É filogenética e fenotipicamente diverso, incluindo espécies com esporos redondos e em forma de chapéu, fermentando fortemente ou não fermentando, assimilando nitrato ou não, contendo ubiquinona dos tipos 7, 8 ou 9. Kurtzman (1984) mostrou uma homologia de ADN de 68-75% entre espécies de *Hansenula* e *Pichia* e unificou os dois géneros em *Pichia,* considerando a assimilação de nitratos ou a forma dos esporos como traços pouco diferenciadores.

No entanto, algumas espécies com esporos lisos e esféricos foram reatribuídas a *Debaryomyces,* outras com esporos ásperos e esféricos e Q7 a *Issatchenkia,* outras ainda com esporos em forma de Saturno a *Williopsis, Saturnispora* e, recentemente, a *Kregervanrija* (Kurtzman, 2006b). Entretanto, Yamada et al. (1994a), com base na sequenciação parcial dos rRNAs 18S e 26S, dividiram as espécies assimiladoras de nitrato com esporos em forma de chapéu em sete grupos, restabeleceram o antigo género *Hansenula* e formaram três novos géneros, *Ogataea* (com *P. minsuta), Kuraishia* (com *P. capsulata)* e *Nakazawaea* (com *P. holstii);* a estes juntaram-se mais tarde *Komagataea* (*Williopsis pratensis*) e *Komagataella* (*P. pastoris),* e também o género *Yamadazyma* (e.g, *P. guilliermondii).* Outras espécies de *Pichia* foram reatribuídas a novos géneros, nomeadamente *Phaffomyces* (p. ex., *P. opuntiae)* e *Starmera* (p. ex., *P. amethionina)* (Yamada et al., 1997). Com exceção dos dois últimos géneros, Kurtzman (1998) não aceitou estas propostas, mesmo quando o género *Pichia* era claramente polifilético.

A partir da análise de sequências parciais do 26S RDNA, Kurtzman e Robnett (1998) forneceram evidências de que *a paz* e géneros de leveduras relacionados, incluindo *Dekkera,* e géneros monotípicos como *Pachysolen, Citeromyces* e *Lodderomyces,* formam pelo menos cinco ou seis clados filogenéticos distintos; no entanto, propostas taxonómicas formais ainda não foram feitas. A família Pichiaceae pode restringir-se aos géneros *Pichia pro parte*, incluindo a espécie-tipo *P. membranifaciens* e a espécie distantemente relacionada *P.* (*Komagataella*) *pastoris*, bem como espécies de *Saturnispora, Issatchenkia, Dekkera* e os seus anamorfos *Brettanomyces* (Kurtzman e Fell, 2006). Várias espécies de *Candida* (por exemplo, *C. inconspicua*, *C. diversa*, *C. vini*) estão claramente associadas a este clado; *C. vini* é o anamorfo de *Kregenvanrija fluxuum* , outro novo clado do antigo complexo *Pichia* (Kurtzman, 2006b).

Tal como estabelecido por Kurtzman e Robnett (1998), o clado de *P. anomala* (antiga espécie-tipo do género *Hansenula*) inclui várias espécies *de Pichia* e *Candida* positivas para nitratos (por exemplo, *C. norvegica*), bem como algumas espécies do género *Williopsis*, incluindo *W.* (*Komagataea*) *pratensis*, que se revelou filogeneticamente heterogénea (James et al., 1998). Outra linhagem aparece em torno de espécies de *Pichia* (*Ogataea*), incluindo também várias *Candida* (por exemplo, *C. boidinii*), e distantemente relacionada com *P.* (*Kuraishia*) *capsulata, P.* (*Nakazawaea*) *holstii, Citeromyces matritensis, Pachysolen tannophilus* e *Ambrosiozyma platypodis*. A ITS-RFLP fornece perfis idênticos entre os estados teleomórfico e anamórfico de vários pares de espécies de *Pichia* e *Candida* (Villa-Carvajal et al., 2006). O género *Dekkera* (anamorfo *Brettanomyces*), embora evidentemente relacionado com *Pichia*, representa espécies com propriedades metabólicas únicas reguladas pelo efeito Pasteur negativo (efeito Custers), resultando na produção de ácido acético. As duas espécies teleomórficas (*Dek. anomala, Dek. Bruxellensis* com os respectivos anamorfos) e três *Brettanomyces* anamórficas sem teleomorfos conhecidos (*Bret. naardenensis, Bret. custersianus*, e *Bret.* [*Eeniella*] *nana*) são importantes leveduras de deterioração; revistas recentemente por Loureiro e Malfeito-Ferreira (2006).

D. Debaryomyces e géneros afins

O género *Debaryomyces* foi criado em torno das espécies com algumas propriedades fenotípicas intermédias entre *Torulaspora* e *Pichia*. A espécie típica é a *Db. hansenii*, uma das leveduras mais frequentes que ocorre nos alimentos e causa deterioração.Ao longo dos anos, foram adicionadas mais espécies, alargando o género, que inclui agora cerca de 20 espécies.A análise das sequências completas do 18S rRNA e do domínio D1/D2 rDNA do 26S rDNA (Cai et al.,1996; Kurtzman e Robnett, 1997, 1998) mostraram que as espécies de *Debaryomyces* formavam uma linhagem filogenética distinta, fortemente associada a *Lodderomyces elongisporus,* ao grupo de *C. parapsilosis, C. tropicalis* e *C. albicans*, bem como várias outras espécies de *Candida*, antigas espécies de *Schwanniomyces* e *Pichia* transferidas para *Debaryomyces* (*Db. occidentalis*, *Db. carsonii* e *Db.etchellsii*) e outras *Pichia* atribuídas a *Yamadazyma*, como *P. guilliermondii.* Basais a estes clados estão *Wickerhamia fluorescens* e *P.* (*Hyphopichia*) *burtonii.*

A estreita associação destas espécies sugere que um taxon superior monofilético pode ser formado em torno do género principal *Debaryomyces. Db. hansenii* é uma das leveduras mais comuns de origem alimentar. Embora fermente fracamente ou não fermente de todo, a sua psicrotolerância e halotolerância tornam-na um organismo de deterioração grave em vários alimentos (Casas et al., 2004; Prista et al., 2005). Por outro lado, é um potencial adjuvante na maturação de queijos e enchidos secos (Petersen et al., 2002; Flores et al., 2004). *Db. carsonii* ocorre em vinhos. Foram desenvolvidas várias técnicas moleculares para a discriminação das espécies de *Debaryomyces* (Ramos et al., 1998; Petersen e Fespersen, 2004; Martorell et al., 2005; Quiros et al., 2006).

E.Metschnikowiaceae

As espécies de *Metschnikowia* são caracterizadas pela formação de esporos longos em forma de agulha, em algumas espécies originários de grandes clamidósporos esféricos. O género não está relacionado filogeneticamente com *Nematospora* com esporos fusiformes semelhantes (Yamada et al., 1994b). Com a nova descrição, o número de espécies do género quase duplicou. De acordo com as sequências parciais de rDNA, as espécies formam dois grupos que correspondem aos seus habitats aquáticos e terrestres (Mendonça-Hagler et al., 1993). Estas últimas espécies vivem em associação com plantas, de onde se propagam para frutos e alimentos diversos. A linhagem filogenética inclui também um certo número de espécies de *Candida*, algumas das quais são fortemente xerófilas *(C. apicola, C. etchellsii* e *C. lactis-condensi).* Também estão relacionadas *Pichia (Kodamaea) ohmeri* e *Clavispora lusitaniae,* bem como *Yarrowia lipolytica.*

F.Trichomonascaceae

Esta família foi recentemente descrita (Kurtzman e Robnett, 2006) em torno de géneros filogeneticamente divergentes, morfologicamente variados, teleomórficos (*Stephanoascus*, *Zygosacus*, *Wickerhamiella*) e anamórficos (*Blastobotrys*, *Trigonopsis*, *Arxula*). Entre os membros deste grupo, há espécies que formam hifas, pseudo-hifas, artroconídios e células em brotamento; se forem produzidos ascósporos, os ascos são formados por vários modos particulares nas hifas. *Stephanoascus* provou ser polifilético e foi reatribuído aos géneros *Trichomonascus* e *Sugiyamaella.Wickerhamiella* tem as células mais pequenas entre as leveduras (1,5-3,5^ m), esporulando após conjugação. Várias espécies de *Candida,* como a *C. versatilis,* estão intimamente relacionadas com a *Wickerhamiella.* Outras espécies de *Candida* (por exemplo, *C. cantarellii* e *C.*

vinaria) foram colocadas no género *Trigonopsis* com base na semelhança filogenética. Também partilham o mosto de fermentação como habitat comum, embora difiram da forma única de *Trigonopsis.*

G. Saccharomycopsidaceae

Um grupo de leveduras hifais que também produzem células em brotamento e, por vezes, artroconídios, foi dividido em vários géneros com base nos vários modos de formação de esporos. As mudanças frequentes de nomes diferentes terminaram quando se demonstrou, a partir da análise do rDNA, que *Arthroascus, Endomycopsella*, *Guilliermondella* e *Botryoascus* são todos sinónimos de *Saccharomycopsis* (Kurtzman e Robnett, 1995). Algumas espécies (por exemplo, *S'copsis fibuligera*) têm uma forte atividade amilolítica e são utilizadas na produção de alimentos fermentados no Oriente; da mesma forma, também provocam a deterioração.

H. Dipodascaceae

Uma família de organismos semelhantes a leveduras, com hifas verdadeiras que se dividem em artroconídios, células em brotamento e a fermentação está geralmente ausente. Os dois géneros, *Dipodascus* e *Galactomyces,* embora separados em dois clados com base na divergência da sequência do domínio D1/D2 do 26S rDNA, pertencem provavelmente a um único género (Kurtzman e Robnett, 1995). Ambos têm anamorfos *de Geotrichum*, dos quais *Geo. Candidum* é uma espécie de deterioração comum, com potencial aplicação em biotecnologia. *Ascoidea*, também um género hifal, semelhante a uma levedura, está intimamente relacionado, mas é geralmente considerado como uma família separada, Ascoideaceae. Curiosamente, *Nadsonia*, um género de leveduras com brotamento bipolar, mostra parentesco com esta família.

I. Lipomycetaceae

Dividida em vários géneros teleomórficos e anamórficos, a família Lipomycetaceae parece ser um grupo natural monofilético que partilha caracteres unificadores moleculares e fenotípicos (van der Walt, 1992). Destaca-se a produção de ácidos gordos de cadeia longa e de polissacáridos amilóides extracelulares, que conferem um aspeto mucoso às colónias. Muitos são organismos do solo e podem ocorrer como contaminantes adventícios nos alimentos.

J. Candidáceas

A família tem sido utilizada como depósito para todas as leveduras ascomicetas anamórficas (Kurtzman e Fell, 1998) e inclui vários géneros heterogéneos, tais como *Brettanomyces*, *Candida*, *Geotrichum*, *Kloeckera* e outros. Muitas espécies anamórficas têm homólogos teleomórficos, e a tendência taxonómica atual é que a classificação deve ser feita de acordo com as relações filogenéticas.

2.3 MÉTODO EXPERIMENTAL:

A. Enriquecimento de leveduras a partir de amostras de compota estragada / ketchup de tomate

Fonte

O vinho, a maioria, a cidra e a cerveja são fontes importantes de espécies de leveduras, tal como os alimentos fermentados como o miso, a cerveja de chá, o tepache, o tempeh, os produtos lácteos fermentados, o cacau, o café e o tabaco. Os sumos de fruta e o concentrado de fruta, os produtos lácteos, os refrigerantes, o melaço, o açúcar e o mel, a carne, os pickles e o vinagre, bem como os produtos de panificação e as massas são fontes ricas em isolados de leveduras. Há menos leveduras em esgotos, lamas activas, efluentes, lama, solos asfálticos e derrames de óleo. Foi utilizada uma amostra de compota estragada e ketchup de tomate dos seguintes tipos.

- ✓Compota estragada - Kissan
- ✓Ketchup de Tomate Estragado - Kissan

A marca Kissan introduziu novos formatos de alimentos, tais como frutas e legumes enlatados, feijões cozidos, etc. Com o tempo, a Kissan evoluiu e tornou-se a primeira marca de frutas e legumes do país.

Meios de enriquecimento

Para o isolamento e enumeração de leveduras dos alimentos, recomenda-se a utilização de meios de utilização geral, que permitem a recuperação de todos os tipos de leveduras, inibindo simultaneamente o crescimento bacteriano e reduzindo a disseminação fúngica [King, A.D et al., 1986]. Existem vários meios deste tipo e a história e o desenvolvimento destes meios estão bem documentados [Deak T., 1991, Fleet G.H., 1990, Jarvis et al., 1987, King, A.D et al., 1986] Estudos comparativos indicaram que nenhum dos meios atualmente utilizados é eficaz para a enumeração de leveduras em todos os alimentos [Beuchat, L.R., 1998, Deak T., 1992]. Os requisitos para um meio de cultura ideal são múltiplos e tem de se aceitar que não existe um meio único, para todos os fins, suficiente para qualquer produto. No entanto, alguns meios são mais adequados para a maioria dos objectivos de isolamento. Para o enriquecimento, foi utilizado caldo estéril de extrato de levedura e extrato de malte (YM) (100 ml) com 10 mg de clorofenicol num frasco Erlenmeyer de 250 ml. (Salian, 2004)

Pré-tratamento da amostra

As amostras de compota semi-sólida e de ketchup de tomate foram recolhidas em recipientes estéreis e foram inoculados 1% (p/v) de inóculos em cada frasco. Foram efectuados três enriquecimentos.

Tempo e temperatura de incubação

Temperatura ambiente no agitador durante 24 a 48 horas.

Todas as amostras mostraram um crescimento espesso com um odor pungente, que foi então utilizado para o isolamento de leveduras.

B.Isolamento de leveduras da cultura enriquecida

Técnicas de isolamento

O termo "isolamento" é aqui utilizado no seu sentido estrito: a preparação de uma cultura pura, isenta de qualquer contaminação e pronta a ser identificada. As técnicas de estriagem habitualmente utilizadas para a purificação de bactérias são igualmente adequadas para o isolamento de leveduras. Um método amplamente utilizado pelos especialistas em leveduras consiste em dispersar uma porção de uma colónia em 2-3 ml de água esterilizada e, em seguida, espalhar uma única ansa desta suspensão sobre toda a superfície de uma placa, movendo a ansa lentamente de cima para baixo e, simultaneamente, movendo-a rapidamente através da placa de um lado para o outro. Após uma incubação adequada, devem aparecer colónias individuais bem separadas na metade inferior da placa. Se todas estas colónias individuais tiverem um tamanho e aspeto semelhantes (tendo em conta o efeito da aglomeração), a cultura pode ser considerada pura. É igualmente desejável a verificação microscópica de algumas colónias individuais. Dispersar uma ponta de agulha de células de uma colónia numa gota de água, colocar uma lamela e examinar com uma iluminação de campo brilhante a cerca de 400. Os contornos das células serão claramente visíveis. Note-se que, ao contrário das bactérias, o tamanho das células de levedura varia frequentemente de forma considerável numa preparação pura. A pureza é indicada não tanto pela uniformidade do tamanho das células dentro de uma preparação como pela semelhança do aspeto microscópico das células de colónia para colónia. Quando uma cultura é considerada pura, estendê-la numa lâmina apropriada.

Meios para alimentos específicos

Foram desenvolvidos meios para a contagem de leveduras em produtos alimentares específicos. Em particular, a indústria cervejeira há muito que exige meios apropriados para a enumeração diferencial de leveduras de fermentação e de leveduras selvagens. Os vários meios desenvolvidos para este fim, entre eles o ágar lisina e muitos outros, foram descritos acima. A indústria vinícola está também fortemente interessada em métodos para a deteção específica e diferenciação de leveduras Saccharomyces de leveduras de vinho e várias leveduras selvagens não-Saccharomyces. Um meio seletivo contendo 150 mg/l de bissulfito e 12 % de etanol baseia-se na maior tolerância das leveduras de vinho ao dióxido de enxofre e ao álcool etílico [Kish S., 1983]. Heard e Fleet [Heard, G.M., 1986] verificaram que o ágar etanol-sulfito suporta de forma variável o crescimento de leveduras selvagens. O ágar lisina, por outro lado, suprime o crescimento de S. cerevisiae e permite a contagem de Kloeckera apiculata, *C.* stellata e outras leveduras não-Sacchammyces no mosto em fermentação. A produção de H2S é uma propriedade prejudicial das leveduras do vinho. Um ágar indicador de sulfito de bismuto pode ser utilizado para selecionar estirpes de leveduras de vinho com baixa ou nenhuma produção de H2S [Jiranek, V., 1995].

Foram concebidos vários suportes específicos para diferentes produtos alimentares. Citam-se apenas alguns exemplos. Um meio contendo reagente de

Schiff foi concebido para detetar leveduras que se ligam ao sulfito em produtos de carne triturados [Dillon, V.M, 1989]. O acetaldeído produzido por certas espécies de leveduras liga-se ao sulfito e liberta fucsina básica, induzindo uma coloração vermelha do meio à volta das colónias. O molibdato (0,187 % de ácido fosfomolíbdico) e o propionato de cálcio (0,125 %) são utilizados para isolar seletivamente as leveduras de frutos tropicais [Rale, V.B, 1984]. O ágar de sacarose com extrato de malte e levedura é recomendado para a contagem e o isolamento de bolores e leveduras da silagem [Skaar, I., 1996]. Welthagen e Viljoen (1997) avaliaram dez meios selectivos quanto à sua adequação para enumerar leveduras em produtos lácteos. Não foram incluídos meios específicos e a maioria dos meios suplementados com antibióticos demonstraram ser superiores aos meios acidificados na recuperação de leveduras de produtos *lácteos* com valores de pH neutros. No entanto, todos os meios funcionam igualmente bem em produtos lácteos de pH baixo.

As leveduras do caldo de enriquecimento acima referido foram isoladas em cada um dos seguintes meios

✓Placas de ágar Sabouraud esterilizadas.

✓Placas de ágar esterilizadas de extrato de levedura e extrato de malte (YM).

Tempo e temperatura de incubação

Temperatura ambiente durante 24 a 48 horas.

Manutenção de isolados puros

A pureza de cada isolado foi confirmada por caraterísticas morfológicas e culturais e as culturas foram mantidas em conjuntos duplicados em placas de ágar YM e placas de ágar Sabouraud e armazenadas sob refrigeração. A subcultura foi repetida de duas em duas semanas.

C. Identificação de isolados de leveduras

Foram utilizados métodos padrão para identificar as leveduras isoladas das amostras de alimentos estragados. (Barnnet et al., 1990)

Foram utilizados os seguintes critérios para a identificação

- Caraterísticas morfológicas.
- Caraterísticas culturais
- Caraterísticas sexuais
- Caraterísticas fisiológicas

A. Caraterísticas morfológicas

a. Caraterísticas das células vegetativas

> Exame Microscópico de Células Vegetativas Não Filamentosas

A forma da célula vegetativa é útil como critério taxonómico, uma vez que a sua forma está relacionada com o modo como são produzidas. As células podem ser esferoidais, subglobosas, elipsoidais, ovóides, cilíndricas, botuliformes, alongadas, apiculadas ou semilunares. Em muitos casos, a forma da célula é útil para a diferenciação genérica. A célula triangular ou trignopsia é um exemplo típico. A forma e o tamanho das células e o método de reprodução podem ser observados para as leveduras cultivadas em meios líquidos.

Método

A levedura de uma cultura em caldo com 18 horas de idade (0,1 ml) foi inoculada em caldo YM estéril (25 mm) em frascos Erlenmeyer de 100 ml de capacidade. Após 48 horas de incubação à temperatura ambiente, as culturas foram examinadas microscopicamente.

> Exame microscópico do crescimento filamentoso

As leveduras variam na sua capacidade de formar filamentos. O micélio pode ser distinguido do pseudomicélio com base em septos distintos. No caso do pseudomicélio, as células intercalares têm extremidades curvas e existem constrições acentuadas entre as células. Os micélios verdadeiros são geralmente mais espessos e refractivos do que os pseudomicélios.

Método:

O método utilizado é a técnica de cultura de lâminas. Foram colocadas lâminas limpas de microajuda numa haste de vidro em forma de "U" numa placa de Petri.

Todo o conjunto foi esterilizado a 15 libras durante 15 minutos. Em seguida, espalhou-se uniformemente ágar batata dextrose (PDA) estéril na superfície da lâmina e deixou-se assentar. Foi semeada uma cultura em caldo da levedura com 18 horas de idade na superfície do ágar e foi colocada uma lamela esterilizada na área inoculada. Deitou-se água destilada estéril na placa de Petri para evitar a secagem do meio. As placas foram incubadas à temperatura ambiente durante 2-3 dias. As lâminas foram observadas em baixa e alta potência após cada 24 horas para estudar a formação de pseudomicélio.

> Exame dos balistosporos

A formação de balistosporos é um critério importante para classificar as leveduras do género sporidiobolus.

Método:

Verteu-se PDA fundido estéril (15 ml) numa placa de Petri estéril e deixou-se estriar em ângulos rectos entre si. Após a inoculação, a placa de Petri foi invertida sobre outra placa de Petri esterilizada contendo o mesmo meio de ágar, na qual foi colocada uma lâmina microscópica esterilizada no centro. As duas placas de Petri foram coladas com fita adesiva em toda a circunferência e foram incubadas à temperatura ambiente durante 3 semanas. Os balistosporos libertados formam colónias no meio da placa inferior e os esporos recolhidos na lâmina foram examinados microscopicamente.

b. Caraterísticas da reprodução vegetativa

Nas leveduras, a reprodução vegetativa ou assexuada ocorre por fissão, brotamento ou uma combinação de ambos. A fissão é a duplicação de uma célula vegetativa devido à formação de uma transversal na célula. As células duplicadas dispõem-se lado a lado e este processo repete-se. A reprodução por brotamento ocorre pela formação de um pequeno broto num ponto da superfície da célula. O botão cresce e separa-se da célula-mãe. Quando os gomos são formados em diferentes pontos da superfície da célula-mãe, a brotação é chamada de brotação multipolar. Esta é a forma mais comum e classificada de reprodução nas leveduras. Se os gomos se formarem apenas nos pólos distais das células, o brotamento é bipolar. Esta é conhecida como fissão de gemas.

Método

Foi preparado um esfregaço de uma cultura de levedura em crescimento ativo, corado com gram e examinado microscopicamente para encontrar o modo de reprodução da levedura.

B.Caraterísticas culturais

>Crescimento em meio líquido

Num meio líquido, a levedura forma um sedimento, um anel, um ilhéu ou uma película. A formação da película está geralmente associada à necessidade de oxigénio da levedura. A película pode ser enrugada ou rasteira, que se torna brilhante e húmida após uma incubação prolongada.

Método:

Dez ml de YM foram inoculados com 0,1 ml de cultura de levedura (cultura em caldo com 15 horas de idade) e foram incubados à temperatura ambiente durante 24-48 horas. As caraterísticas de crescimento foram registadas após a incubação.

>Crescimento em meios sólidos

As leveduras crescem em ágar YM como colónias mucóides, butíricas e coerentes ou foscas. O crescimento mucoide está frequentemente associado a leveduras encapsuladas e deveu-se à secreção de exopolissacáridos. O crescimento mate ou coerente é devido à produção de pseudomicélio ou de micélio verdadeiro. As colónias de leveduras podem também produzir uma variedade de pigmentos.

Método

Foi isolada uma alçada de uma cultura de levedura em crescimento ativo numa placa estéril de ágar YM e incubada à temperatura ambiente durante 24 a 48 horas. Após a incubação, foram registadas as caraterísticas de uma colónia isolada.

C. Caraterísticas sexuais

>Formação do asco e do ascósporo

Algumas leveduras reproduzem-se sexualmente através da formação de ascósporos. Nas leveduras ascosporogénicas, a importância taxonómica é dada à formação ou não de ascos.

i) De uma célula vegetativa (provavelmente diploide) ou

ii) De duas células confrigentes (haplóides) ou

iii) De uma célula-mãe que se conjugou com o seu rebento.

Em algumas leveduras com ascos suportados por filamentos, a disposição dos ascus em cadeias (catenulados) ou em cachos (botriose) é útil para distinguir entre géneros, tais como Hormoascus e Ambrosiozyma. O número de ascósporos em cada asco, a sua forma (por exemplo, redonda, oval, em forma de chapéu, de rim, de safurma ou de agulha) e a textura do ascósporo são algumas das caraterísticas úteis para separar géneros e espécies dentro de um género.

Método

A cultura de levedura foi inicialmente cultivada em ágar YM à temperatura ambiente. O crescimento do meio foi inoculado no ágar de carbonato de cálcio de tributirina de Gorodkowa (meio de esporulação). As placas inoculadas foram incubadas à temperatura ambiente durante 24 - 72 horas e depois foram examinadas microscopicamente. No caso de leveduras não esporulantes, as culturas foram examinadas durante 4 - 6 semanas, com um intervalo de uma semana. A formação de ascósporos foi verificada pelo método de Schaeffer - Fulton.

D. Caraterísticas fisiológicas

As caraterísticas fisiológicas, em termos de metabolismo, oferecem grande valor e fiabilidade na identificação de leveduras. Estas incluem a capacidade da cultura para utilizar fontes de carbono e azoto, requisitos de factores de crescimento e crescimento a temperaturas elevadas.

> Utilização de compostos orgânicos como única fonte de carbono para crescimento aeróbico

Este teste é utilizado para distinguir diferentes espécies de leveduras pelas suas diferentes capacidades de utilizar determinados compostos orgânicos como única fonte de carbono. Estes compostos incluem açúcares, alditóis e ácidos orgânicos. Estes testes, frequentemente designados por testes de assimilação, são utilizados para avaliar a capacidade de cada levedura para utilizar os compostos para o seu crescimento.

Método

As culturas de levedura (0,1 ml) foram inoculadas em tubos de suspensão contendo 4,5 ml de base de carbono de levedura (YCB). As fontes de carbono, tais como glucose, galactose, ribose, xilose, arabinose, ramnose, sacarose, maltose, trealose, celobiose, salicina, meilbiose, rafinose e insulina foram adicionadas ao meio acima referido para obter uma concentração final de 25 mM de cada. Foram mantidos controlos adequados não inoculados e todos os tubos foram incubados à temperatura ambiente durante 24 a 48 horas. Após a incubação, os resultados foram registados como a presença ou ausência de crescimento.

>Utilização de compostos orgânicos como única fonte de azoto para o crescimento aeróbio

As estirpes de leveduras foram testadas quanto à sua capacidade de utilizar nitrato de sódio, nitrito de sódio e L-lisina como única fonte de azoto.

Método

As culturas de levedura (0,1 ml) foram inoculadas em tubos de suspensão contendo 4,5 ml de Yeast Nitrogen Base (YNB). As fontes de azoto, como o nitrato de sódio, o nitrito de sódio e a L-lisina, foram adicionadas ao meio acima referido para obter uma concentração final de 5 mM de cada. Foram mantidos controlos adequados não inoculados e todos os tubos foram incubados à temperatura ambiente durante 24 - 48 horas. Após a incubação, os resultados foram registados como a presença ou ausência de crescimento.

>Capacidade de fermentar açúcares

A fermentação dos hidratos de carbono constitui um critério fisiológico importante para a identificação e classificação das leveduras. As estirpes de leveduras podem ser identificadas com base na sua capacidade de fermentar açúcares.

Método:

As culturas de levedura (0,1 ml) foram inoculadas em extrato de levedura (0,5 %) com 50 mM de açúcar contendo indicador de Andrade e tubo de Durham invertido.

Os tubos inoculados foram incubados à temperatura ambiente durante uma semana e os resultados foram registados.

>Crescimento das vitaminas - Free Media

A capacidade das estirpes de levedura para crescer ou não crescer, dependendo das suas necessidades vitamínicas, foi avaliada cultivando-as num meio quimicamente definido sem vitaminas. A presença de crescimento indica que não necessitam de vitaminas e a ausência de crescimento indica que necessitam de vitaminas.

Método

As células de levedura lavadas (0,1 ml) foram inoculadas no meio sem vitaminas quimicamente definido (5 ml) e foram incubadas à temperatura ambiente durante uma semana. Após a incubação, os resultados foram registados como a presença ou ausência de crescimento.

>Produção de compostos extracelulares semelhantes ao amido

Isto ajuda a identificar certas espécies de leveduras, que carateristicamente produzem polissacáridos extracelulares do tipo amido.

Método

Inoculou-se um caldo estéril de 5 ml de glucose - extrato de levedura com 0,1 ml do caldo de cultura de levedura da noite para o dia e incubou-se à temperatura ambiente durante 24 horas. Após a incubação, foi adicionada uma gota de iodo de Lugol. A cor azul indica a presença de amido. Um meio não inoculado foi mantido como controlo.

>Avaliação do crescimento a uma concentração elevada de D - Glucose

Sabe-se que certas leveduras crescem num meio que contém uma elevada concentração de açúcar. Foi utilizado o seguinte procedimento.

Método

Foi preparado um ágar de extrato de levedura contendo 50 % (p/v) e 60 % (p/v) de D - glucose. As culturas de leveduras com crescimento ativo foram semeadas e incubadas à temperatura ambiente durante uma semana. Os resultados foram registados como a presença ou ausência de crescimento.

>Crescimento da preferência pela ciclo-heximida

A ciclo-heximida (actidiona) inibe o crescimento de eucariotas interferindo com os ribossomas 80S na síntese de proteínas. As estirpes de levedura resistentes à cicloheximida têm ribossomas modificados e, por isso, a sua síntese proteica não é afetada.

Método

As estirpes de levedura foram verificadas quanto à sua resistência à ciclo-heximida em base de glucose e azoto de levedura contendo 0,1% e 1,0% de ciclo-heximida, respetivamente. Os tubos inoculados foram incubados à temperatura ambiente durante 24 a 48 horas. Os resultados foram registados como a presença ou ausência de crescimento.

>Crescimento a temperaturas elevadas

As temperaturas entre 20-28°C são óptimas para o crescimento da levedura. No entanto, algumas estirpes de levedura são capazes de crescer a temperaturas mais elevadas. Método

O caldo YM foi inoculado com uma cultura em caldo da levedura de um dia para o outro. Os tubos inoculados foram incubados a 37°C e R.T. respetivamente durante uma semana. Os resultados foram registados como a presença ou ausência de crescimento.

>Hidrólise da ureia

As leveduras podem utilizar a ureia em baixa concentração como única fonte de azoto na presença de quantidades adequadas de vitaminas. Diferem na sua capacidade de hidrolisar concentrações elevadas de ureia em meio completo contendo uma fonte de azoto orgânico, como a peptona. Este é um importante teste de confirmação de uma espécie ascosporogénica.

Método

As leveduras foram inoculadas no caldo de ureia de Christensen e foram incubadas à temperatura ambiente durante uma semana. Após a incubação, o aparecimento de uma cor rosa profunda mostra a capacidade das leveduras para hidrolisar a ureia.

>Redução de nitratos

Stelling Dekker (1931) utilizou a capacidade da levedura de reduzir o nitrato na taxonomia das leveduras. As leveduras são capazes de reduzir o nitrato, utilizando uma série de "sistemas enzimáticos redutores" que medeiam a redução assimilatória do nitrato a compostos mais reduzidos, por exemplo, Cryptococcus terreus.

Método

As leveduras foram inoculadas em água de peptona nitrato e incubadas à temperatura ambiente durante 24 - 48 horas. Após a incubação, foi adicionado o reagente de Griess - Illosway. O desenvolvimento de uma cor vermelha profunda indicou um teste positivo de redução de nitratos. Foram mantidos controlos adequados para a experiência.

>Ensaio com azul de diazónio B (DBB)

Lillie (1997) referiu que os sais de diazónio sofrem uma reação de acoplamento com o resíduo de ácido aminoso aromático da proteína. Esta reação implica uma mudança de cor. Certas estirpes de levedura são capazes de dar um teste DBB positivo.

Método

Uma cultura em caldo da levedura foi inoculada de um dia para o outro numa placa de ágar YM estéril e foi incubada à temperatura ambiente durante 10 dias. Após a incubação, as placas com crescimento foram mantidas a 55°C durante 4 horas. Estas placas foram então inundadas com o reagente DBB e a mudança de cor foi observada. A cor torna-se vermelha escura em 2 minutos à temperatura ambiente, o que indica um teste positivo.

2.4 RESULTADO E DISCUSSÃO:

As leveduras escolhidas para a presente investigação representam as normalmente responsáveis pela deterioração de uma variedade de produtos alimentares processados termicamente. Várias estirpes de leveduras de deterioração alimentar puderam ser enriquecidas e isoladas a partir de amostras de compota estragada e de ketchup de tomate (Kissan). As amostras foram recolhidas em recipientes esterilizados e utilizadas para este projeto. Após a utilização, as amostras foram armazenadas sob refrigeração. As amostras acima mencionadas, sendo ricas em açúcar e sal, suportam uma quantidade substancial de contaminação por leveduras.

O caldo de extrato de levedura e extrato de malte (YM) foi utilizado como caldo de enriquecimento. Para evitar o crescimento de outras bactérias, foi adicionado o antibiótico clorofenicol (100 mg / 1000 ml) ao meio de enriquecimento. Após a inoculação e incubação adequadas, a intervalos regulares de 24 em 24 horas, a ausência ou presença de levedura foi detectada com a ajuda da coloração de Gram (Lee et al., 1981; Salian S., 2004).

Seguiu-se o isolamento do caldo enriquecido em placas de ágar YM e ágar Sabouraud. As colónias isoladas foram identificadas através da realização de diferentes testes morfológicos, culturais e fisiológicos. Foram estudadas caraterísticas morfológicas como a forma e o tamanho das células, a reprodução, a formação de pseudomicélio e de ascósporos. A caraterização bioquímica inclui diferentes testes de fermentação e assimilação de açúcar realizados com a ajuda de diferentes fontes de carbono e azoto (Sharma et al., 1987). A identificação adicional baseia-se nos diferentes testes fisiológicos, como o crescimento em meios sem vitaminas, o crescimento em 50 - 60% de glucose, o crescimento na presença de cicloheximida, o crescimento a altas temperaturas, a produção de amido, a redução de nitratos, a hidrólise da ureia e o teste do azul de diazónio B.

Quadro 1) Identificação das leveduras

As leveduras foram identificadas de acordo com o esquema concebido por Barnett et, al. Foram seguidos critérios adequados para determinar a identidade correta e mais adequada das leveduras. Todos os quatro isolados Y_1, Y_2, Y_3, Y_4 foram identificados como *Zygosaccharomyces rouxil, Candida didensiae, Zygosaccharomyces bailly* e *Candida albicans.*

Tabela 2.3. Numeração dos isolados

Isolado de levedura n.	Fonte de isolamento
Y_1	
Y_2	Compota de frutos mistos Kissan (mimada)
Y_3	
Y_4	Ketchup de tomate Kissan (estragado)

Tabela 2.4 Caraterísticas morfológicas

As caraterísticas morfológicas continuam a ser de grande importância na sistemática das leveduras. Os géneros são geralmente delimitados por caraterísticas morfológicas, por exemplo, tipo de brotamento (conidiogénese), morfologia celular, caraterísticas de abcesso formação, morfologia dos ascósporos, teliosporos, basídios (basidium), etc. Algumas caraterísticas morfológicas indicam se as leveduras imperfeitas (anamórficas) pertencem aos ascomicetes ou aos basidiomicetes, por exemplo, o modo de brotamento (brotamento enteroblástico versus holoblástico), a presença de balistoconídios (ballistoconidium) ou conexões de pinças, e a estrutura fina das paredes celulares e dos poros septados. Devido ao carácter variado de muitas leveduras e organismos semelhantes a leveduras, recomenda-se vivamente a utilização de condições experimentais padronizadas para a investigação das caraterísticas morfológicas.

Número de isolamento	**Caraterísticas das células vegetativas.**			**Caraterísticas da reprodução vegetativa**
	Forma da célula	Formação de Pseudomicélio	Formação de balistósporos	
Y_1	Oval	-	-	Brotamento Multilateral
Y_2	Alongado	-	-	Brotamento Multilateral
Y_3	Oval	+	-	Brotamento Multilateral
Y_4	Oval	+	-	Brotamento Multilateral

Tabela 2.5. Caraterísticas culturais

As culturas são examinadas microscopicamente para detetar a formação de gemas ou a fissão, bem como a forma das células depois de terem sido cultivadas durante 24-72 horas. As células podem ter uma forma esférica ou alongada e o brotamento pode ser multilateral, bipolar ou polar [Hawksworth, D.L. et al., 1995, Kreger-Van Rij, 1987, Ogletree, F.P.,1978 Strelblova, E, 1971]. Este último é caraterístico de alguns basidiomicetos em que os botões de base estreita se formam apenas nos pólos (extremidades) das células, em contraste com o brotamento multilateral, que ocorre essencialmente em toda a superfície da célula. O brotamento bipolar de certos ascomicetes é caracterizado por brotamento de base larga nos pólos das células. Os filamentos são detectados fazendo uma única estria numa lâmina de cultura com o ágar morfológico de Wickerham e inspeccionando a cultura sob pequena ampliação após 10 e 20 dias de crescimento à temperatura ambiente. Os filamentos podem ser constituídos por pseudo-hifas, hifas verdadeiras ou uma mistura dos dois tipos [Yarrow D., 1998].

Tabela 2.5.1.Crescimento em meio líquido

Crescimento em meio líquido	Y_1	Y_2	Y_3	Y_4
Estático	Película	Sedimentos	Película	Sedimentos
Agitador	Película	Sedimentos	Película	Sedimentos

Tabela 2.5.2. Crescimento em meio sólido

Caraterísticas das colónias	Tamanho	Forma	Cor	Margem	Elevação	Opacidade	Consistência	Coloração de Gram
Y1	2mm	Oval	Branco creme	Inteiro	Baixa convexidade	Opaco	Butírico	Grama Positivo
Y2	1mm	Alongado	Branco creme	Inteiro	Baixa convexidade	Opaco	Butírico	Grama Positivo
Y3	2mm	Oval	Branco creme	Inteiro	Baixa convexidade	Opaco	Butírico	Grama Positivo
Y4	1mm	Alongado	Branco creme	Inteiro	Baixa convexidade	Opaco	Butírico	Grama Positivo

Tabela 2.6. Caraterísticas sexuais

O mundo dos fungos é classificado principalmente pelas caraterísticas da reprodução sexual (esporulação). Consequentemente, estas leveduras que formam esporos por reprodução sexual podem ser classificadas nos taxa fúngicos superiores apropriados. As chamadas leveduras verdadeiras, que formam ascósporos, são tradicionalmente agrupadas como uma classe, Hemiascomycetes, na divisão fúngica Ascomycota. No entanto, a formação endógena de esporos sexuais nestas leveduras difere substancialmente do desenvolvimento caraterístico dos ascósporos, na medida em que as leveduras não possuem hifas ascógenas dicarióticas e ascocarpos. Assim, este grupo de leveduras pode ser considerado como uma divisão separada dos fungos, para a qual foi sugerido o nome Endomycota (Barr, 1983).O desenvolvimento de esporos sexuais em algumas outras leveduras mostra semelhanças óbvias com certos grupos de Basidiomycota. Algumas desenvolvem basídios diretamente nas hifas, enquanto outras formam teliosporos de paredes espessas dos quais se origina um basídio. Este último grupo está próximo das smuts e, juntamente com elas, pode também ser agrupado numa divisão separada, Ustomycota (Moore, 1972, 1996).

Isolamento n.º.	Formação de ascósporos	N.º de ascósporos formados	Forma dos Ascósporos
Y_1	+	1- 4	Oval, redondo
Y_2	-	-	-
Y_3	+	1- 2	Oval, redondo
Y_4	-	-	-

Tabela 2.7. Caraterísticas fisiológicas

Os testes fisiológicos, em conjunto com a observação microscópica das células vegetativas, são necessários para a delimitação e identificação das espécies. O reconhecimento das espécies baseia-se principalmente na fermentação e no crescimento de uma variedade de compostos de carbono e azoto. Alguns esquemas de identificação baseiam-se inteiramente nas reacções de fermentação e assimilação.

Tabela 2.7.1. Fermentação de vários açúcares

A utilização anaeróbia de açúcares é geralmente testada medindo a quantidade de CO_2 que fica retida nos tubos de Durham. Este método não é muito exato para detetar a fermentação por espécies de leveduras de fermentação lenta porque o CO_2 pode não evoluir suficientemente rápido para ser recolhido como uma bolha de gás. Devido a este facto, muitas espécies de leveduras consideradas não fermentativas revelaram-se capazes de produzir etanol [Duken, J.P., 1986]. No entanto, para efeitos de identificação, recomenda-se a utilização de tubos de Durham devido à facilidade de preparação e de marcação. É frequentemente efectuado um teste de fermentação inicial utilizando apenas glucose. Se não for detectada qualquer fermentação, não é necessário testar outros açúcares. Os açúcares testados para efeitos de identificação incluem geralmente D-glucose, D-galactose, maltose, sacarose, lactose, rafinose, trealose e D-xilose.

Açúcares	Y_1	Y_2	Y_3	Y_4
Glicose	+	+	+	+
Sacarose	-	-	+	+
Lactose	-	-	-	-
Xilose	-	-	-	-
Maltose	+	-	-	+
Galactose	-	-	-	+
Celobiose	-	-	-	-
Mellobise	-	-	-	-
Rafinose	-	-	-	-
Amido	-	-	-	+

* + Produção de ácido - Sem produção de ácido

Tabela 2.7.2. Assimilação de várias fontes de carbono

A capacidade de uma levedura para crescer aerobicamente com um determinado composto de carbono fornecido como única fonte de energia (frequentemente designado por testes de assimilação) é testada em meios líquidos ou pelo método auxanográfico utilizando meios de ágar [Yarrow D., 1998]. Os auxanogramas podem ser lidos após dois a três dias, ao passo que os tubos de ensaio de meios líquidos necessitam de até quatro semanas. No entanto, este último método é mais sensível. Para efeitos de identificação, são geralmente determinadas as reacções de crescimento nos seguintes compostos:

Hexoses (D-glucose, D-galactose, L-ramnose, L-sorbose), Pentoses (D-xilose, D-ribose, L-arabinose, D-arabinose), Dissacáridos (sacarose, maltose, celobiose, trealose, lactose, melibiose), Trissacáridos (rafinose, melezitose), Polissacáridos (amido solúvel, inulina) Álcoois (eritritol, ribitol (adonitol), D-manitol, m-inositol, metanol, etanol, glicerol, glicol, 1,2 diol de propano, 2,3 diol de butano, galactitol (dulcitol), D-glucitol (sorbitol))

Ácidos orgânicos (succinato, citrato, DL-lactato, D-gluconato, D-glucuronato, D-galacturonato, 2-ceto-D-gluconato, 5-ceto-D-gluconato), Glicosídeos (a-metil-D-glucósido, arbutina, salicina), Outros compostos (glucono-b-lactona, D-glucosaminse.HCl, N-acetil-D-glucosaminse, decano, hexadecano).

Fontes de carbono	Y_1	Y_2	Y_3	Y_4
Glicose	+	+	+	+
Sacarose	-	-	-	+
Xilose	-	+	-	+
Arabinose	-	+	-	+
Maltose	+	-	+	+
Celobiose	-	+	-	+
Rafinose	-	-	-	-
Salicina	-	+	-	+
Amido	-	-	-	+
D-Ribose	-	+	-	+
Galactose	+	+	+	+
Citrato de sódio	-	+	-	+

* + Produção de ácido - Sem produção de ácido

Tabela 2.7.3. Assimilação de várias fontes de azoto

Fontes de azoto	Y_1	Y_2	Y_3	Y_4
Nitrato de sódio	-	-	-	-
Nitrito de sódio	-	-	-	-
L-Lisina	+	+	+	+

+ Crescimento - Sem crescimento

Tabela 2.7.4. Caraterísticas bioquímicas

Quadro 2.7.4.1. Caraterísticas bioquímicas (produção de amido, hidrólise da ureia, teste DBB e redução de nitratos)

Isolate No.	Starch Production	Urea Hydrolysis	Diazonium Blue B Test	Nitrate Reduction
Y_1	-	-	-	-
Y_2	-	-	-	-
Y_3	-	-	-	-
Y_4	-	-	-	-

+ Positive reaction - Negative reaction

Tabela 2.7.4.2. Caraterísticas bioquímicas: (crescimento em cicloheximida, elevada concentração de glucose, temperatura elevada, meios sem vitaminas)

Isolate no.	Growth in Cycloheximide		Growth at High Conc. of Glucose		Growth at Elevated Temperatures		Growth in Vitamins Free Media
	0.1%	0.01%	50%	60%	25°C	37°C	
Y_1	-	-	+	+	+	+	+
Y_2	-	-	+	+	+	+	-
Y_3	-	-	+	+	+	+	-
Y_4	+	+	+	+	+	+	+

+ Crescimento - Sem crescimento

Tabela 2.8. Identificação de isolados de leveduras

Isolado de levedura n.º.	Identidade
Y_1	*Zygosaccharomyces rouxii*
Y_2	*Candida didensiae*
Y_3	*Zygosaccharomyces bailly*
Y_4	*Candida albicans*

Capítulo 3

DETERMINAÇÃO DA RESISTÊNCIA AO CALOR DOS ISOLADOS DE LEVEDURAS

3. DETERMINAÇÃO DA RESISTÊNCIA AO CALOR DOS ISOLADOS DE LEVEDURA:

3.1 PREFÁCIO:

A suscetibilidade das bactérias a lesões metabólicas e estruturais, a exposição a condições ambientais adversas tem sido reconhecida desde a década de 1950. As lesões podem ocorrer como resultado de stress induzido por pressão osmótica, dessecação, calor, frio, químicos e irradiação U.V.. Só nos últimos anos é que os microbiologistas alimentares reconheceram que os fungos são susceptíveis a lesões subletais. O presente capítulo inclui a determinação da temperatura, que reduziu a população viável dos isolados de levedura para 50 - 99% (Beuchat L., 1981).

3.2 REVISÃO DA LITERATURA:

3.1.1 Respostas gerais ao stress:

A levedura responde a uma variedade de factores de stress através de um mecanismo semelhante que consiste basicamente em três partes principais: receptores para a deteção, cascatas para a transferência dos sinais e elementos de resposta ao nível da transcrição. Gproteínas e outros receptores e vias de sinalização. Aqui, os componentes ao nível da transcrição serão discutidos usando os exemplos das respostas ao calor mais bem caracterizadas, que também funcionam na resposta a outros stresses em geral (Estruch, 2000; Trott e Morano,

2003).

A exposição de células de levedura a temperaturas subletais durante curtos períodos (35- 40°C, 30- 45 mins) leva à proteção contra a morte num tratamento térmico letal subsequente (por exemplo, 52°C). Esta é a chamada resposta de choque térmico, que resulta no aparecimento de proteínas de choque térmico (Hsps). No entanto, uma série de outros stresses (por exemplo, stress oxidativo, etanol, privação de nutrientes) também induzem estas proteínas; por conseguinte, podem ser referidas como proteínas de stress em geral. Existem vários tipos de Hsps (por exemplo, Hsp104, Hsp70, Hsp30 e outros), que actuam geralmente como chaperonas, impedindo a agregação de proteínas e degradando as proteínas danificadas pelo stress. Elementos de resposta ao stress (STRE) ou elementos de choque térmico (HSE) no promotor dos genes-alvo. Estes elementos são induzidos ou reprimidos como parte da resposta geral ao stress (Gasch et al., 2000).

Exemplos de genes induzidos são os que estão envolvidos no transporte e metabolismo de nutrientes, na manutenção da homeostase interior, no reforço das paredes celulares, na reparação de danos no ADN, entre muitos outros. Os genes reprimidos estão principalmente relacionados com o crescimento e a síntese proteica. A consequência da resposta geral ao stress é o efeito de proteção cruzada, na medida em que um fator de stress (por exemplo, choque térmico) torna as células resistentes a outras condições de stress, embora os sensores de sinal, as cascatas de cinase e os elementos STRE possam ser diferentes. É possível desenvolver tolerância simultânea ao stress térmico, de congelação, de desidratação, oxidativo e de etanol. No entanto, as respostas ao stress osmótico são geralmente diferentes do stress térmico, na medida em que são transmitidas pela via do glicerol de alta osmolaridade (HOG) (Hohmann, 2000). A síntese de chaperonas moleculares, a acumulação de solutos compatíveis, a adaptação da composição lipídica da membrana plasmática e outros fenómenos foram reconhecidos como mecanismos de proteção contra o stress. Uma das respostas de proteção mais gerais é a acumulação de trealose (Elbein et al., 2003). Não é apenas um hidrato de carbono de armazenamento e um soluto compatível, mas também ajuda a proteger contra o efeito do stress, estabilizando as membranas e as proteínas através da manutenção das relações hídricas intracelulares (Sillje et al.,

1999).

3.1.2 Respostas ao stress em leveduras

O conhecimento das respostas aos factores ambientais foi obtido a partir de estudos sobre populações; por conseguinte, representam as respostas médias de um conjunto heterogéneo de células. A heterogeneidade é um atributo natural de uma população de células; mesmo uma cultura pura de laboratório é, na melhor das hipóteses, um clone, uma população isogénica com diferenças fisiológicas entre os seus membros. A heterogeneidade manifesta-se na sensibilidade diferencial a condições de stress que podem ser fundamentais para a sobrevivência de alguns membros de uma população (Booth, 2002). A heterogeneidade fenotípica resulta das diferenças nas fases e na taxa de crescimento; no ciclo celular, na idade e no tamanho das células; na regulação metabólica; e noutras propriedades que apresentam uma distribuição estocástica (Sumner e Avery, 2002). A técnica de citometria de fluxo fluorescente pode detetar a heterogeneidade de uma população de células (Attfield et al., 2001). As diferenças na resistência ao stress ocorrem entre estirpes pertencentes à mesma espécie, e isto foi encontrado repetidamente em estirpes de vinho de *S. cerevisiae* (Carrasco et al., 2001; Garay-Arroyo et al., 2004; Zuzuarregui e Olmo, 2004). Uma das razões reside na segregação genética sob o efeito do ambiente seletivo (Sipiczki et al., 2004). No entanto, a mutação e outras alterações genéticas ocorrem normalmente nas populações e constituem a base da seleção natural, da adaptação e da evolução (Zeyl, 2004).

A maior parte do nosso conhecimento sobre as respostas ao stress refere-se a *S. cerevisiae*. Recentemente, outras espécies de leveduras têm recebido uma atenção crescente em termos de interesse biotecnológico e de investigação básica. De um ponto de vista médico, a *C. albicans* é significativa e, entre as leveduras de deterioração alimentar, *Zygo. bailii, Db. hansenii, Schizo. pombe, P. anomala, Klu. lactis* e algumas outras têm sido investigadas quanto à sua tolerância ao stress (Smits e Brul, 2005; Turkel et al., 2006). O mecanismo geral de resistência ao stress apresenta analogias com o de *S. cerevisiae*, mas as propriedades específicas de cada um em relação a determinados factores de stress evoluíram nos seus habitats ecológicos. Por exemplo, em *P. anomala,* ao contrário de *S. cerevisiae,* a síntese de invertase e o consumo de glicose não são afectados pelo stress osmótico.

A Db. hansenii acumula trealose em resposta a uma concentração elevada de sal, em consonância com a *S. cerevisiae*, ao passo que é muito expressa na ausência de sal na *Zygo. rouxii* e não desempenha qualquer papel na fraca resistência aos ácidos da *Zygo. bailii.* Obviamente, uma maior compreensão da resposta ao stress de várias leveduras trará novos conhecimentos importantes tanto para interesses fundamentais como industriais.

3.1.3 Lesão e reparação

Embora as células de levedura possuam um arsenal de respostas protectoras aos factores de stress, sofrem lesões subletais ou acabam por morrer devido à exposição a condições extremas. A perda de vitalidade pode dever-se a danos na membrana plasmática, à desnaturação de proteínas enzimáticas, à quebra de ADN e a bloqueios na transcrição de genes, podendo ser causada por um único evento ou pela soma de todos. A explicação do mecanismo da morte celular é ainda uma questão debatida. Uma questão importante do ponto de vista prático é a diminuição do poder fermentativo das leveduras de panificação em massa congelada devido à lesão por congelamento e descongelamento. Sugere-se que a lesão é causada por dois mecanismos principais, o stress oxidativo e defeitos na biogénese da parede celular; e na tolerância ao congelamento-descongelamento, estão envolvidos genes que funcionam na H+-ATPase vacuolar (Ando et al., 2006).

As células lesadas por doses subletais podem ser capazes de reparar os danos e retomar o crescimento em condições adequadas (Fleet e Mian, 1998). O estado viável mas não cultivável (VBNC) das células tem sido objeto de numerosos estudos com bactérias. No caso das leveduras, pode ser a causa do crescimento no vinho após longos períodos de não cultivabilidade em placas (Millet e Lonvaud-Funel, 2000). Um fenómeno semelhante também ocorreu após um tratamento de baixa amperagem (Guillou et al., 2003). O estado VBNC dos agentes patogénicos após tratamento clínico ou dos organismos de deterioração na conservação de alimentos pode ter consequências práticas na sua falsa avaliação. Se forem utilizados meios selectivos para a deteção sem reanimação, as células lesadas não seriam capazes de formar colónias e, por conseguinte, produziriam contagens de placas inferiores (Beuchat, 1984).

Uma vez que as leveduras e os seus esporos são facilmente eliminados pela maioria dos tratamentos de pasteurização, a sua presença nos alimentos enlatados é o resultado de uma subtransformação grosseira ou de uma fuga. Frutas enlatadas, compotas, geleias, sumos de frutas, xaropes, tomatoketchup e leite condensado adoçado foram estragados por leveduras fermentativas com inchaço da lata pelo CO_2 produzido. As leveduras de película podem desenvolver-se à superfície da carne de porco em gelatina, em pickles, em azeitonas reembaladas e em produtos semelhantes, mas a sua presença indica recontaminação ou falta de tratamento térmico, bem como uma evacuação deficiente.

A nível industrial, os programas de processamento térmico são concebidos para obter uma redução da população máxima dos microrganismos mais susceptíveis de estarem presentes nos alimentos e de se deteriorarem durante o armazenamento subsequente em condições pré-determinadas. Estes tratamentos térmicos são geralmente prejudiciais para as qualidades organolépticas, resultando em alterações indesejáveis na textura e na cor, e em perdas de aromas voláteis componentes. As observações de que os conservantes podem contribuir para a inativação térmica das leveduras na gama de pH inferior a 5,5 oferecem a possibilidade de redefinir os requisitos do processo para certos alimentos, de modo a que a entrada máxima de calor possa ser reduzida sem sacrificar qualquer grau de esterilidade. Estas modificações resultariam na manutenção das qualidades sensoriais desejadas não processadas, bem como na retenção de nutrientes. Além disso, o custo da energia necessária à indústria para atingir estas condições seria reduzido.

O stress térmico pode afetar o número aparente de células de levedura viáveis. Por conseguinte, a capacidade dos métodos analíticos para detetar células sujeitas a stress subletal é de grande importância para a indústria alimentar, particularmente para os transformadores de alimentos que utilizam tratamentos térmicos suaves.

3.1.4 Sanitizantes e desinfectantes

A segurança e a qualidade dos alimentos são asseguradas, em grande medida, pelo controlo da presença e do crescimento de organismos patogénicos e de deterioração no interior e à superfície dos produtos, que provêm das matérias-primas, dos ingredientes e dos aditivos e, em grande medida, das superfícies das instalações e equipamentos de transformação de alimentos. A higiene da produção é um dos factores mais importantes na prevenção do risco microbiano e da deterioração dos alimentos. Assim, a execução eficaz da limpeza, do saneamento e da desinfeção é uma parte inevitável e integrante da transformação de alimentos. Os compostos antimicrobianos são utilizados para eliminar ou limitar o crescimento de microrganismos nos alimentos. Os seus efeitos, aplicações, toxicologia e segurança, e estatuto regulamentar são questões complexas. O desenvolvimento de resistência e adaptação a alguns antimicrobianos exige uma investigação contínua para identificar novos compostos e processos antimicrobianos. Vários livros e análises recentes abordam as práticas de limpeza e saneamento (Davidson et al., 2005).

A limpeza das superfícies e a desinfeção dos microrganismos podem ser realizadas por detergentes alcalinos, ozono, peróxido de hidrogénio, compostos clorados, ácido peroxiacético, compostos de amónio quaternário e numerosos desinfectantes comerciais; surgem continuamente novas marcas no mercado. É de notar que a água limpa e quente continua a ser um dos agentes desinfectantes mais eficazes, podendo também ser aplicados meios físicos, como o aquecimento, a vaporização, a irradiação UV e a sonicação. A destruição de células vegetativas de bactérias, leveduras e bolores pode não ser muito difícil, uma vez que são sensíveis ao calor e aos produtos químicos. No entanto, os esporos bacterianos são extremamente resistentes e, em menor grau, os conídios e esporos fúngicos. Além disso, muitos microrganismos excretam polissacáridos extracelulares e formam biofilmes que protegem as células individuais e podem ser bastante difíceis de remover das superfícies. Existe uma grande quantidade de informação sobre a eficácia dos higienizadores e desinfectantes em relação às bactérias, em particular os agentes patogénicos de origem alimentar. Isto é válido para os produtos onde se encontram frequentemente leveduras, tais como os produtos frescos (Beuchat, 2002; Parish et al., 2003; Beuchat et al., 2004).

Mesmo no caso das leveduras, o interesse centra-se nas espécies patogénicas, *C. albicans* e algumas outras (Theraud et al., 2004). Existem poucos estudos publicados sobre agentes desinfectantes contra leveduras de deterioração. *A S.*

cerevisiae é normalmente utilizada como organismo de teste em estudos de eficácia de desinfectantes (Collinson e Dawes, 1992; Han et al., 1999; Kim et al., 1999). Existem algumas provas de que os ascósporos de *S. cerevisiae* são mais resistentes do que as células vegetativas ao peróxido de hidrogénio e aos compostos de amónio quaternário, mas não ao ácido peracético (Romano e Suzzi, 1985; Neumayr et al., 1989; Jones et al., 1991). Numa publicação recente (Salo e Wirtanen, 2005), foram avaliadas as eficácias de 17 desinfectantes comummente utilizados contra 28 estirpes de várias espécies de leveduras isoladas de produtos lácteos, de padaria, de açúcar, de bebidas e de produtos em conserva, em testes de suspensão e de um suporte (biofilme). Os desinfectantes à base de álcool (etanol, isopropanol) foram os mais eficazes na redução das contagens de leveduras em pelo menos quatro unidades logarítmicas; as tensidas e os peróxidos foram eficazes contra as células em suspensão, e os limpadores de espuma também foram considerados eficazes nos testes de biofilme. Os desinfectantes que contêm cloro e persulfato foram ineficazes na destruição de leveduras.

Na limpeza e desinfeção do equipamento de processamento de alimentos, a tarefa mais difícil é controlar o desenvolvimento de biofilmes e aplicar os procedimentos de limpeza e desinfeção nos microrganismos ligados e incorporados nos biofilmes (Mattila-Sandholm e Wirtanen, 1992). Estudos realizados em fábricas de processamento de peixe e fábricas de engarrafamento de cerveja provaram que as leveduras em biofilmes eram mais resistentes do que a população bacteriana e permaneciam aderentes às superfícies após a limpeza e desinfeção (Bagge-Ravn et al., 2003; Storgards et al., 2006).

Efeitos combinados

Os factores de conservação podem ser combinados com tratamentos mais suaves para manter o valor nutricional e a qualidade organoléptica, garantindo simultaneamente a segurança exigida dos produtos. A combinação de factores de conservação é frequentemente designada por tecnologia de obstáculos (Leistner, 1992, 2000). Esta analogia é inadequada na medida em que os "obstáculos" são combinados simultaneamente e interagem de forma sinérgica. A combinação de tratamentos resultou em técnicas e produtos inovadores, incluindo o processamento mínimo, o MAP e o FMI. Os alimentos minimamente processados são ligeiramente aquecidos, contêm menos ácido, sal e açúcar e, em particular, menos conservantes, tais como sulfito, nitrito, ácido benzoico ou sórbico, mas são normalmente refrigerados (Ohlsson, 1994). A combinação de factores deve proteger o produto contra o crescimento de bactérias patogénicas, mas pode não inibir os microrganismos de deterioração, incluindo as leveduras. Exemplos típicos são as frutas e os legumes prontos a usar, processados através de aparas, descasque ou corte, lavagem, desinfeção e embalagem. O branqueamento pode ser utilizado para controlar o escurecimento enzimático e para reduzir a contagem de leveduras, bolores e bactérias (Nguyen-The e Carlin, 1994; Tapia de Daza et al., 1996). Os alimentos de humidade intermédia têm geralmente uma *aw* inferior a 0,90 e são auto-estáveis quando combinados com pH baixo, pasteurização ou refrigeração. Para além de vários produtos de carne e queijos, as conservas de fruta são bons exemplos de produtos FMI. Frutos inteiros ou metades, fatias ou purés podem ser conservados por branqueamento e ajustando a *aw* na gama de 0,91-0,98 com açúcar. O pH da maioria dos frutos situa-se entre 3,1 e 3,5 e pode ser reduzido, se necessário, com a adição de ácido cítrico. Nestas condições, os organismos potencialmente deteriorantes são as leveduras xerotolerantes, em particular *Zygo. rouxii.* O seu crescimento foi inibido por aw< 0,68 na ausência de antimicrobianos, enquanto que 1000 mg/l de sorbato de potássio ou 100 mg/l de SO2 (como Na-metabissulfito) foi necessário para retardar o crescimento a aw 0,95 e pH 4 (Tapia de Daza et al., 1995).

A embalagem em atmosfera modificada é frequentemente utilizada para a conservação de alimentos frescos e minimamente processados. No caso dos produtos à base de carne, a redução do teor de oxigénio no interior da embalagem pode ser conseguida através da aplicação de vácuo, ao passo que a atmosfera é modificada pela respiração contínua de frutas e legumes frescos após a selagem em película semipermeável ou embalagem retrátil. Os níveis de oxigénio podem cair para 3-5%, enquanto a concentração de CO2 aumenta para 510%. Nesta atmosfera, o crescimento de bactérias aeróbias e bolores é muito reduzido, mas a atividade das leveduras e das bactérias lácticas pode continuar a um ritmo mais lento, mesmo que a MAP seja combinada com a refrigeração.

Foram realizados numerosos estudos para determinar os efeitos de vários factores sobre o crescimento de microrganismos isolados e em combinação, em particular para encontrar interações sinérgicas entre eles, a fim de desenvolver um tratamento mais suave e seguro dos alimentos. Em estudos anteriores, determinou-se, na maior parte dos casos, a variação do número de células (ufc/ml) no tempo e em função de várias doses; em trabalhos mais rigorosos, foram também calculados parâmetros de crescimento e morte. Para além da contagem direta das células, foram também aplicados métodos indirectos que reflectem o crescimento ou a sobrevivência, como a medição do CO_2 metabólico (Guerzoni et al., 1990), a citometria de fluxo (Sprensen e Jakobsen, 1997), a condutimetria (Deak e Beuchat, 1993, 1994) ou outras técnicas. A determinação das respostas de crescimento/não crescimento permitiu o aumento da combinação, e a utilização de uma mistura de espécies (cocktail) em vez de estirpes individuais também se revelou uma opção eficaz. A conceção e a avaliação matemática das experiências apenas aumentaram a eficiência destes estudos, levando ao desenvolvimento da microbiologia preditiva. Para além dos estudos acima referidos, os exemplos que se seguem pretendem dar uma visão geral desta área excitante da microbiologia alimentar.

Entre as investigações mais completas e de maior alcance contam-se as efectuadas por Fleet e colaboradores (Praphailong e Fleet, 1997; Charoenchai et al., 1998). Praphailong e Fleet (1997) examinaram os efeitos individuais e interactivos do pH e das concentrações de NaCl, sacarose, sorbato e benzoato sobre o crescimento de 30 estirpes representativas de nove espécies importantes de leveduras de deterioração, através da leitura do grau de turvação dos meios em poços de microtitulação. Não se registou qualquer crescimento *de Zygo. bailii* a pH 7,0, *Zygo. rouxii, P. membranifaciens* e *Klc. apiculata* a pH 8,0, enquanto que apenas *Klc. Apiculata* cresceu a pH 1,5-2,0. Apenas *Zigo. rouxii, Db. hansenii* e *P. anomala* cresceram a 15% de NaCl, enquanto *S. cerevisiae* e *Klu. marxianus* não toleraram 7,5% e 10% de NaCl, respetivamente. A maior tolerância ao sal ocorreu em pH médio de 5,0-7,0, mas *Zygo. bailii* e *Db. hansenii* toleraram bem o sal a pH 3,0, e *Klc. apiculata* cresceu mesmo na presença de 12,5% de NaCl a pH 2,0. Todas as leveduras cresceram a 50% de sacarose, sendo que *Zygo. rouxii*, *Zygo. bailii*, *Db. hansenii* e *P. anomala* cresceram a 60% de sacarose.

O pH teve pouco efeito no crescimento com sacarose, mas mostrou interações mais fortes com conservantes. *Zygo. bailii* e *Ya. lipolytica* foram as espécies mais tolerantes às concentrações de sorbato e benzoato (750-1200 mg/l) a pH 5,0, tendo o primeiro conservante exercido uma inibição um pouco mais forte. Num estudo semelhante (Charoenchai et al., 1998) relativo a leveduras de vinho *(Klc. apiculata, Tsp. delbrueckii, P. anomala, C. stellata, C. krusei, Db. hansenii,* e *S. cerevisiae,* 22 estirpes no total), os efeitos da temperatura, pH, e concentração de açúcar foram determinados no tempo de duplicação (ou taxa de crescimento específico) e massa celular máxima durante a fermentação do sumo de uva. As taxas de crescimento de todas as espécies aumentaram com a temperatura (até 25°C), e a biomassa celular diminuiu com o aumento da concentração de açúcar (de 200 a 300 g/L). A variação do pH entre 3,0 e 4,0 não afectou significativamente nenhum dos parâmetros de crescimento. No entanto, neste estudo, não foi abordada a interação entre as variáveis ecológicas.

Entre os primeiros estudos que utilizaram a metodologia de superfície de resposta contam-se os efectuados por Cole e colaboradores para avaliar o efeito do pH no crescimento de *Zygo. bailii,* e as concentrações de frutose, benzoato, sorbato e dióxido de enxofre (Cole e Keenan, 1987; Cole et al., 1987a, b). As medições foram feitas com base na probabilidade de crescimento (inspeção visual de meios inoculados em poços de placas de microtitulação durante 3 semanas) ou calculando o tempo de geração e o período de atraso a partir de leituras turbidimétricas. Foram encontrados efeitos sinérgicos mais fortes entre o açúcar e a concentração de ácido fraco que dependia do pH, o que afectou significativamente a duração da fase de atraso.

Guerzoni et al. (1990) aplicaram uma análise de ajuste de mínimos quadrados para encontrar interações sinérgicas entre os efeitos da aw, do pH, da concentração de benzoato e do tratamento térmico na estabilidade de sistemas à base de fruta desafiados por uma estirpe de deterioração de *S. cerevisiae.* A eficácia do conservante diminuiu com a redução da aw e mostrou apenas uma ligeira ação sinérgica com o tratamento térmico, enquanto que a redução da aw aumentou aditivamente os efeitos da inativação térmica. Betts et al. (1999, 2000) estudaram os efeitos de várias combinações de três factores, temperatura, pH e concentração de NaCl, sobre o tempo de crescimento de 13 estirpes de leveduras individualmente, e subsequentemente num cocktail de seis espécies típicas de deterioração em leite refrigerado e produtos ácidos (tais como molhos para salada e maionese). No primeiro estudo, as placas de microtitulação inoculadas foram examinadas visualmente quanto à turvação até 2 meses; no segundo estudo, foram determinados os valores de ufc/ml e o tempo de atraso e o tempo necessário para atingir um nível de 106 células/ml foram calculados a partir das curvas de crescimento.

Em ambos os estudos, foi encontrado um efeito sinérgico entre o NaCl e o pH a temperaturas mais baixas (iguais ou inferiores a 8°C). Verificou-se também que a inibição do crescimento se manifestou de forma mais significativa no prolongamento da fase lag; em condições favoráveis, constituiu 20-30% do tempo total de crescimento, mas aumentou para 45-62% em condições mais extremas (pH≤ 4. 5, NaCl≥ 6%, temperatura≤ 8°C). Utilizando a técnica de contagem de placas, os dados foram transformados e foram desenvolvidos modelos matemáticos para prever a probabilidade de deterioração em bebidas por Battey et al. (2002). Um cocktail de leveduras de *S. cerevisiae, Zygo. bailii,* e *Ya. lipolytica* foi investigado sob o efeito de cinco variáveis, cada uma em três níveis: pH, acidez titulável, teor de açúcar, e concentrações de benzoato e sorbato.

As interações foram consideradas significativas para o pH e para cada conservante, mas nem a acidez titulável nem o teor de açúcar foram considerados significativos. O teor de açúcar das bebidas neste estudo (8-16°Bx, correspondendo a valores aw de 0,99-0,95) não foi um fator de inibição do crescimento. Para incluir mais factores a serem estudados, os dados sobre o crescimento/não crescimento podem ser utilizados em vez da taxa de crescimento, como demonstrado por Evans et al. (2004). Os efeitos interactivos de cinco condições ambientais (álcool, pH, sacarose, sorbato e temperatura) em 906 combinações foram estudados num cocktail misto de nove estirpes de leveduras, determinando o tempo de crescimento até 150 dias. O crescimento foi observado em 29% das condições experimentais, entre as quais se encontravam circunstâncias extremas, tais como valores de pH de 2,1, uma temperatura de 2°C, uma concentração de sacarose de 55% (w/w) e uma concentração de etanol de 12% (v/v). Os modelos utilizados para prever o crescimento ou a ausência de crescimento foram bem sucedidos em 94% dos casos, e em cerca de 5% das combinações ambientais, o crescimento das leveduras de deterioração ocorreu no prazo de 32-150 dias, em contraste com estudos anteriores de crescimento/não crescimento que se estenderam por períodos mais curtos (29 ou 35 dias) (Jenkins et al., 2000; Lopez-Malo e Palou, 2000).

Foram realizados amplos estudos sobre o efeito da redução da atividade da água em combinação com outros factores de inibição. Os valores mais baixos de *aw* ajustados no puré de pêssego inibiram *Db. Hansenii* mais fortemente do que *Zygo. bailii,* e em combinação com a temperatura de armazenamento, aumentou a fase de atraso mais fortemente do que a taxa de fermentação (Gardini et al., 1988). Num estudo semelhante com *S. cerevisiae* (Guerzoni et al., 1990), verificou-se que a eficácia do conservante benzoato aumentava com a diminuição da aw, em contraste com as observações de espécies osmotolerantes, *Zygo. bailii* (Jerminsi e Schmidt-Lorenz, 1987). Em meios laboratoriais, o crescimento de *S. cerevisiae* foi inibido por aw (ajustado com glucose) abaixo de 0,89; acima deste valor, o tempo de geração aumentou com o aumento da concentração de sorbato, quase independentemente do pH; o efeito do pH foi mais aparente em combinação com o sorbato e em *aw* mais baixos (Cerutti et al., 1990). O crescimento das leveduras de deterioração da fruta foi mais inibido do que a fermentação (formação de gás) e a tolerância ao sorbato diminuiu quando o teor de açúcar aumentou no homogeneizado de morango a pH 4 (Maimer e Busse, 1992). Kalathenos et al. (1995) calcularam uma superfície de resposta que caracterizava os efeitos combinados do pH, do etanol e da concentração de frutose na taxa de crescimento e no tempo de duplicação de *S. cerevisiae,* e concluíram que, em sistemas vitivinícolas (pH 3,23,8, açúcar 1-4%, etanol 7-13% v/v), o efeito de redução da aw do etanol é significativo, para além do seu efeito tóxico específico. Sorensen e Jakobsen (1997) verificaram que os parâmetros de crescimento de *Db. hansenii* num meio de laboratório eram acentuadamente influenciados por concentrações elevadas de sal e por temperaturas mais baixas, enquanto as alterações do pH tinham pouco efeito. Nos produtos de panificação, a aw é o fator mais importante que afecta o crescimento de bolores e leveduras xerotolerantes, que também são capazes de tolerar valores baixos de pH. De facto, foi demonstrado que a taxa de crescimento de *Zygo. rouxii* diminuía linearmente com a concentração de açúcar de 30 a 90% (correspondendo a aw de 0,957-0,788), sem interação com o pH entre 3 e 5, embora o pH 2,5 resultasse numa redução de 30% na taxa de crescimento (Membre et al., 1999).

3.1.5 Inativação pelo calor

A resistência das leveduras a temperaturas elevadas é comparável à das bactérias vegetativas; no entanto, ao contrário dos endosporos bacterianos, os ascósporos das leveduras podem ser apenas ligeiramente mais resistentes ao calor do que as células vegetativas (Put e De Jong, 1980; Splittstoesser et al., 1986). As células de levedura são geralmente mortas dentro de alguns minutos a temperaturas entre 55°C e 65°C (Put e De Jong, 1982a, b; Engel et al., 1994). O tempo de redução decimal (*valor D*) a 55°C é de cerca de 510 minutos, a 65°C,< 1 minuto. A taxa de mortalidade aumenta 10 vezes com um aumento de temperatura de 4-5 graus (o *valor z* é 4-5°C). Estes são apenas valores médios, uma vez que podem ocorrer pequenas diferenças entre espécies e estirpes de leveduras, e a composição dos meios de aquecimento (alimentos) exerce uma influência substancial na taxa de inativação pelo calor. Por exemplo, os *valores D* para *P. Anomala* foram cerca de 6 minutos nos sumos de fruta a pH 3,95 e 2 minutos a pH 2,62. A forma não linear das curvas de sobrevivência torna por vezes difícil o cálculo dos parâmetros da taxa de mortalidade

A resistência térmica das células de levedura diminui com valores de pH ácidos e aumenta com a diminuição do aw (Agab e Collins, 1992a). Assim, os produtos de fruta, como os sumos com um pH de cerca de 3,5 ou menos, podem ser preservados por temperaturas de pasteurização, enquanto que o mesmo tratamento térmico pode ser insuficiente para a preservação de compotas de fruta com o mesmo pH mas contendo 55% ou mais de açúcares (aw< 0,965) (Corry, 1976). Um estudo sobre a resistência ao calor das células vegetativas e dos ascósporos de *Zygo. bailii* em vários sumos de fruta (Raso et al., 1998a) verificou que a resistência estava relacionada não só com o pH mas também com a composição dos sumos. Neste estudo, os ascósporos exibiram uma resistência ao calor 5-8 vezes maior do que a das células vegetativas. A maior sensibilidade ao calor das espécies de *Dekkera* mostrada nos vinhos foi largamente atribuída ao etanol, enquanto que na gama de pH testada (2,4-4,5) nem *D* nem *os valores z* mudaram significativamente (Couto et al., 2005).

As condições prevalecentes antes do tratamento térmico também afectam a resistência das células, tais como a composição do meio de crescimento, a idade e a fase de esporulação (Su e Beuchat, 1984; Su et al., 1985), bem como a inanição ou o crescimento aeróbico e anaeróbico (Agab e Collins, 1992b). *Os valores D* foram mais elevados para as células na fase exponencial do que para as que se encontram na fase estacionária; no entanto, este facto apareceu apenas a uma temperatura mais baixa (45°C) e igualou-se acima de 50°C (Couto et al., 2005). A resistência ao calor das leveduras *(S. cerevisiae, Zygo. bailii)* aumentou quando cultivadas em meios com *aw* reduzida ou tratadas termicamente na presença de açúcares (Stecchini e Beuchat, 1985; Golden e Beuchat, 1992). Foi também observada uma proteção contra a inativação pelo calor quando o NaCl foi utilizado para reduzir a aw (Beuchat, 1981a). A tolerância das leveduras ao calor aumenta em grande parte quando o tratamento é efectuado por calor seco. A taxa de inativação pelo calor numa atmosfera contendo menos de 30% de humidade relativa diminui em grande medida. A 110°C, *os valores D* variaram entre 1,25 e 3,63 minutos para *Db. hansenii, Klc. apiculata, Lodd. elongisporus,* e *P. anomala,* enquanto que *C. glabrata* exibiu um valor *D127°C* de 0,78 minutos, e *S. cerevisiae D135°C* variando de 0,49 a 0,89 minutos. *Os valores de z* também aumentaram para 9,1-13,3°C (Scott e Bernard, 1985). Estes valores de tempo de redução em minutos são comparáveis aos observados a 55-60°C em calor húmido.

Os factores que aumentam a sensibilidade térmica das células de levedura são o pH do meio de suspensão e a presença de conservantes. Os dados sobre a diminuição da resistência térmica com a diminuição do pH são inequívocos (Beuchat, 1981b); no entanto, o tipo de acidulante e a capacidade tampão dos alimentos podem ter uma grande influência na taxa de inativação (Juven et al., 1978; Beuchat, 1983; Torreggiani et al., 1985; Garza et al., 1994). Ao determinar o grau de dissociação dos conservantes ácidos fracos, o pH influencia igualmente a sua ação sinérgica com o tratamento térmico (Tsuchido et al., 1972; Beuchat, 1981b, 1982). Embora se saiba que o potencial redox é um fator importante que influencia o crescimento, existem muito poucos dados sobre o efeito do potencial redox na resistência ao calor. Reichart e Mohacsi-Farkas (1994) modelaram a cinética da destruição pelo calor de algumas bactérias, bolores e leveduras sob o efeito combinado da temperatura, *aw,* pH e£ h (150, 240 e 460mV, correspondendo a valores de rH 13-23) e descobriram, de acordo com outros resultados, que a taxa de destruição pelo calor aumentava com a diminuição do pH e o aumento de aw, enquanto o efeito do potencial redox dependia do tipo de microrganismos. O aumento do potencial redox do meio de aquecimento acelerou a destruição térmica dos lactobacilos; no entanto, aumentou a resistência térmica dos fungos e também das leveduras estudadas *(S. cerevisiae, Zygo. bailii* e *Ya. lipolytica).*

O mecanismo de inativação das células pelo calor não é bem compreendido e as teorias para a sua explicação são equívocas. No entanto, parece que as alterações nas estruturas celulares podem ser as principais responsáveis pela morte, em vez da desnaturação de enzimas e outras proteínas ou da quebra de ácidos nucleicos. Török e Reichart (1983) e Török e King (1991) fizeram uma análise detalhada da cinética de inativação térmica das leveduras, calculando a energia de ativação aparente e a entropia e entalpia de ativação do processo, e chegaram à conclusão de que danos em estruturas de ordem superior (tais como ribossomas e mitocôndrias) devem ser responsáveis pela morte térmica das células de levedura. As proteínas de choque térmico (por exemplo, Hsp104) protegem as células contra o stress térmico. O seu nível aumenta nas células de levedura que crescem com fontes de carbono não fermentáveis, sugerindo que o metabolismo aeróbico fornece mais energia para a sua síntese. Através do bloqueio da função mitocondrial por inibidores ou em mutantes petite sem mitocôndrias, a indução da síntese de Hsp104 é reduzida, fornecendo provas indirectas do papel das mitocôndrias intactas na resposta ao calor e na termotolerância (Rikhvanov et al., 2003, 2004).

Outros complexos macromoleculares que se suspeita serem responsáveis pela sensibilidade ou resistência ao calor e a outros stresses são a produção de ARN mensageiros e o seu transporte através dos poros da membrana nuclear (Bond, 2006).

O problema da conservação dos alimentos tornou-se mais complexo à medida que novos produtos alimentares são frequentemente introduzidos no mercado, exigindo um prazo de validade mais longo e uma maior garantia de proteção contra a deterioração microbiana. As ondas de campo eletromagnético podem ser utilizadas no controlo de fungos de deterioração, aumentando assim o prazo de validade dos frutos (Akinyele et al., 2012). Existem vários produtos químicos que podem ser utilizados como agentes antimicrobianos. Por exemplo, o ácido acético e o dióxido de enxofre são amplamente utilizados como conservantes alimentares. No entanto, estes produtos químicos requerem cuidado no seu manuseamento, uma vez que são corrosivos e os seus vapores podem irritar os olhos e o trato respiratório.

3.1.6 Controlo de leveduras de deterioração em alimentos e bebidas utilizando antimicrobianos

a) Cálcio Ácido etilenodiaminotetracético dissódico

O ácido etilenodiaminotetracético dissódico de cálcio (EDTA, peso molecular 410,3 Da) é aprovado pela FDA dos EUA para utilização como conservante em molhos não normalizados, molhos franceses, maionese, molhos para salada, pastas para barrar para sandes, salada de batata e molhos em concentrações não superiores a 75 mg/l para todos, exceto para pastas para barrar para sandes, onde pode ser utilizado em concentrações tão elevadas como 100 mg/l.

O EDTA é adicionado principalmente como agente de quelação para retardar a auto-oxidação dos lípidos nos alimentos. Embora adicionado aos alimentos para evitar alterações químicas, este composto também tem propriedades antimicrobianas. O EDTA tem sido estudado como antimicrobiano contra bactérias, principalmente bactérias Gram-negativas, quer isoladamente quer como adjuvante de outros compostos antimicrobianos naturais. Verificou-se que o EDTA aumenta a eficácia da lisozima, um antimicrobiano natural presente na clara do ovo e nas lágrimas humanas, bem como da nisina contra a Listeria monocytogenes e a Escherichia coli (Payne e outros 1994; Branen e Davidson 2004). Foi demonstrado que o EDTA faz com que a E. coli perca rapidamente mais de 50% do seu lipopolissacárido, causando alterações significativas da permeabilidade (Leive 1965). Este mesmo estudo mostrou também que, embora a E. coli seja naturalmente impermeável à actinomicina, uma vez tratada com

EDTA, a actinomicina permeava a membrana causando a morte da célula.

Contra as leveduras, verificou-se que o EDTA sozinho é inibidor contra S. cerevisiae e Z. bailii a uma concentração de 6,4 g/ml (Kubo e outros 2005). Além disso, o EDTA aumentou a eficácia do poligodial, um forte composto antifúngico derivado do rebento de Polygonum hydropiper (utilizado como uma especiaria alimentar chamada "tade" no Japão). Foi sugerido que o EDTA inibe o crescimento da levedura ao privar a célula dos iões de zinco vitais necessários para criar a parede celular (Brul e Coote 1999; Brul e outros 1997). Esta interrupção causada pelo EDTA poderia permitir uma maior atividade antimicrobiana de quaisquer óleos essenciais.

b)Natamicina

A natamicina, anteriormente conhecida como pimaricina, é um composto antifúngico altamente eficaz. Este antibiótico macrólido polieno é composto por uma estrutura em anel com uma ligação dupla conjugada localizada em frente a vários grupos hidroxilo e tem um peso molecular de 665,7Da. Produzida por Streptomyces natalensis, a natamicina tem uma elevada afinidade pelo ergosterol presente nas membranas celulares das leveduras. O composto liga-se irreversivelmente ao ergosterol, impedindo-o de desempenhar as suas funções na membrana. Esta ligação provoca danos significativos na estrutura celular e a fuga do conteúdo celular até à morte da célula (Welscher e outros 2008).

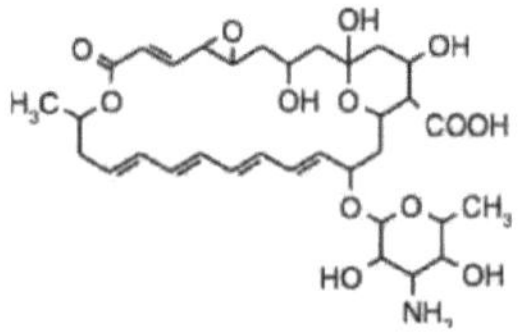

Figura 3.1: Estrutura química da natamicina

A natamicina é normalmente utilizada no fabrico de queijo para evitar o crescimento de fungos, uma vez que não tem qualquer efeito no crescimento da cultura inicial de bactérias do ácido lático. Como é hidrofóbica, também permanece na superfície do queijo, onde é mais provável que o bolor se desenvolva. Quando testado contra Staphylococcus aureus, Escherichia coli, Pseudomonas aeruginosa e outros contaminantes alimentares, não foi detectada qualquer inibição (Atta e outros 2012). No entanto, quando testado contra uma série de fungos filamentosos e unicelulares, concentrações tão baixas quanto 0,031 g/ml foram inibitórias.

A natamicina é certificada como GRAS pela FDA, não tem efeitos negativos na qualidade dos alimentos e não foram registadas estirpes de leveduras resistentes (Roller 2003). Em solução, a natamicina é suscetível de degradação pela luz, peróxido ou oxigénio. Uma solução líquida com uma concentração de 0,006 g/ml torna-se ineficaz contra microrganismos após 24 horas de exposição à luz (Patente dos EUA 4,536,494). A natamicina é também algo vulnerável a um pH baixo. A um pH de 3,5, apenas 75% da atividade da natamicina se mantém (Davidson e Doan 2005). Juntamente com a suscetibilidade da natamicina a pH baixo, também tem baixa solubilidade, com apenas 0,050 g/ml solúvel em água (Davidson e Doan 2005).

b)Nisina

A nisina é um péptido antimicrobiano natural produzido como metabolito secundário por estirpes de *Lactococcus lactis ssp. lactis* que é conhecido por inibir o crescimento de bactérias Gram-positivas e Gram-negativas (Hurst e Hoover 2005). A nisina é um polipeptídeo grande com um peso molecular de 3500 Da (Hurst e Hoover 2005). O principal alvo da nisina nas bactérias é a membrana citoplasmática, onde provoca a formação de poros e o aumento da permeabilidade (Abbe e outros 1995).

No entanto, algumas bactérias possuem a enzima nisinase e são, por conseguinte, resistentes à exposição à nisina (Abbe e outros 1995). A nisina, o ingrediente ativo do conservante comercial Nisaplin, foi considerada eficaz contra o Lactobacillus brevis subsp. lindneri isolado de molhos para salada comerciais em concentrações tão baixas como 200 mg/l durante 90 dias. (Muriana e Kanach 1995). Além disso, esta bacteriocina disponível no mercado inibiu 27 de 30 isolados bacterianos obtidos de 6 marcas diferentes de molhos para salada (Muriana e Kanach 1995). Embora a nisina tenha provado ser eficaz contra as bactérias do ácido lático, a nisina é ineficaz contra a maioria das leveduras e bolores (Davidson e outros 2005). Isto é exemplificado num estudo em que a levedura de cerveja *(S. cerevisiae)* foi exposta à nisina e não foi demonstrada qualquer inibição ao mesmo tempo que as bactérias do ácido lático foram eliminadas da amostra contaminada (Ogden 1987). A ineficácia da nisina contra espécies de leveduras torná-la-ia ineficaz como antimicrobiano.

c) Sorbato, ácido sórbico

Embora o ácido sórbico (peso molecular 112,13 g/mol) seja produzido sinteticamente para ser utilizado como conservante alimentar antimicrobiano, também ocorre naturalmente no óleo de sorveira verde. O ácido sórbico é utilizado em produtos lácteos, vegetais e de carne através de mistura seca, pulverização ou imersão (Sofos e Busta 1993). Um obstáculo à utilização do ácido sórbico é a sua solubilidade limitada, com 0,16 g a solubilizar-se em 100 ml de água a 20°C. No entanto, o sal do ácido sórbico, o sorbato de potássio, é muito mais solúvel, sendo 58,2 g solúveis em 100 ml de água. (Davidson e Taylor 2007).

Os sorbatos têm sido aplicados como conservantes alimentares antimicrobianos numa vasta gama de alimentos, particularmente para inibir o crescimento de leveduras e bolores, em concentrações de 0,02%-0,30% p/v (Sofos e Busta 1993). A atividade dos sorbatos depende de vários factores, incluindo o pH, a aw, a temperatura de armazenamento, os microrganismos alvo e a composição dos alimentos (Chipley 1993). O pH do meio utilizado desempenha um papel vital na atividade antimicrobiana dos sorbatos, com a maior inibição observada abaixo do pKa de 4,75, uma vez que a molécula não dissociada é 10-600 vezes mais eficaz do que a forma dissociada (Davidson e Taylor 2007). Acredita-se que existam múltiplos mecanismos de inibição pelo sorbato, incluindo a inibição da divisão da parede celular em esporos bacterianos, a prevenção da germinação de esporos em *Clostridium botulinum* e a interferência com a absorção de ácido aminso em células vegetativas (Davidson e Taylor 2007). O ácido sórbico demonstrou ser inibidor contra uma ampla gama de leveduras e fungos, incluindo C. krusei, a 0,1%, com maior eficácia observada em pH mais baixo (Bell e outros 1959).

d) Benzoato e ácido benzoico

Os benzoatos e o ácido benzoico (122,1 Da) foram dos primeiros antimicrobianos aprovados pela FDA dos EUA para utilização nos alimentos. Embora sejam produzidos sinteticamente para aplicação como conservantes alimentares antimicrobianos, podem ser encontrados naturalmente em arandos e outras bagas (Davidson e Taylor 2007). Este composto é GRAS em alimentos e bebidas até 1 g/l. O ácido benzoico é eficaz contra *E. coli, L. monocytogenes, C. krusei* e *P. Membranifaciens* (Chipley 1993). Tal como acontece com os sorbatos e outros ácidos orgânicos, a atividade antimicrobiana dos benzoatos ocorre apenas quando a molécula se encontra no estado não dissociado, sendo por isso mais eficaz em alimentos com um pH inferior ao seu pKa de 4,19 (Chipley 1993). Pensa-se que o ácido benzoico e os compostos de benzoato inibem os microrganismos interferindo com a permeabilidade da membrana celular ou interferindo com o metabolismo do ácido acético em algumas leveduras (Chipley 1993).

A tolerância das leveduras aos benzoatos está bem documentada. Embora a maioria das leveduras exibam alguma tolerância aos benzoatos, *Zygosaccharomyces bailii* foi encontrada para exibir a maior tolerância ao ácido benzoico, crescendo até 1200 mg/1 a um pH de 3,0 (Praphailong e Fleet 1997). Esta resistência foi atribuída ao gene XYbYME2. Este gene codifica a atividade da benzoato-4-hidroxilase, que confere a capacidade de metabolizar o ácido benzoico (Mollapour e Piper 2001; Piper e outros 2001). Para além da resistência aos benzoatos, as células cultivadas na presença de benzoato podem apresentar resistência a outros ácidos orgânicos lipofílicos fracos e de baixo peso molecular.

As estirpes de *C. krusei, S. pombe* e *Z. bailii* cultivadas na presença de ácido benzoico abaixo da sua CIM foram expostas a várias concentrações de ácido acético, ácido propanoico, ácido benzoico e metilparabeno. Todas as estirpes testadas exibiram resistência aos ácidos orgânicos fracos.

e) DMDC

O dimetil-dicarbonato (peso molecular 90,08 Da,) é um conservante alimentar antimicrobiano aprovado para utilização em vinhos, chás prontos a beber, bebidas de sumo não carbonatadas e bebidas diluídas carbonatadas contendo sumo e/ou aroma de fruta (21 CFR 172.133) até 200 mg/l. Utilizado principalmente para controlar as leveduras de deterioração no vinho, o DMDC tem uma CIM de 150 mg/l contra Z. bailii no vinho tinto, mas requer > 300 mg/l para inibir S. pombe

(Costa e outros 2008).

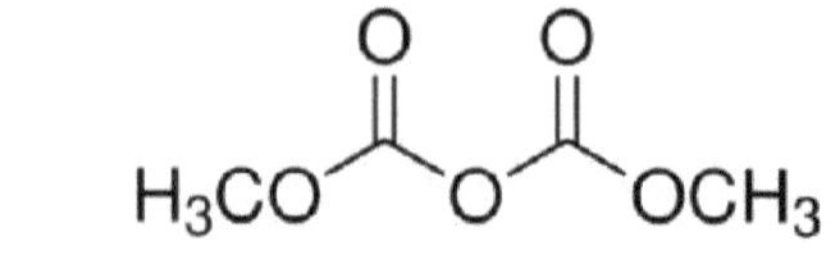

Figura 3.2 : Estrutura química do DMDC, massa molecular 90,08 Da

Os conservantes de ácidos fracos, como o ácido sórbico e o ácido acético, são utilizados em muitos alimentos com pH baixo para evitar a deterioração por fungos. A levedura de deterioração *Zygosaccharomyces bailii* é notória pela sua extrema resistência aos conservantes e pela sua capacidade de crescer para além das concentrações de conservantes legalmente permitidas (Stratford et al., 2013).

Foi relatado que o nitrito de sódio se combina com aminas secundárias e terciárias, formando nitrosaminases, que são cancerígenas. Os antioxidantes mais utilizados, o hidroxianisol butilado (BHA) e o hidroxitolueno butilado (BHT), são adicionados a uma variedade de alimentos para evitar o ranço dos produtos que contêm lípidos e têm também atividade antimicrobiana. Estes produtos químicos sintéticos convertem alguns materiais ingeridos em substâncias tóxicas ou carcinogénicas através do aumento das enzimas microssomais. Consequentemente, são necessários conservantes alternativos que possuam atividade antimicrobiana mas que não causem problemas de saúde ao manipulador e ao consumidor. A este respeito, vários óleos essenciais de especiarias foram testados quanto à sua atividade inibitória em relação ao crescimento de alguns microrganismos. Além disso, a redução do sal e do açúcar nos alimentos por razões dietéticas tende a aumentar a utilização de condimentos (Farag et al., 1989)

3.3 MÉTODO EXPERIMENTAL:

Determinação da resistência ao calor dos isolados de leveduras

As células de cada estirpe de levedura foram aquecidas em tampão fosfato 0,1M (pH 7,0) durante 20 minutos (55°C - 85°C) para determinar a temperatura, o que reduziu a população viável em 50 - 99%.

Preparação de células

As leveduras cultivadas em meio YMPG, incubadas a T.R. durante 44 - 48 horas sob agitação constante, serviram de inóculo para todos os testes.

Método

Um ml da cultura foi transferido para 100 ml de tampão fosfato de potássio 0,1 M (pH 7,0) num Erlenmeyer de 250 ml ajustado a uma temperatura entre 55°C e 85°C. Após aquecimento durante 20 minutos, as amostras foram diluídas em série em tampão fosfato 0,1 M e colocadas em placas de ágar YMPG (pH 5,5). As colónias foram contadas após 5 dias de incubação a T.R.

3.4 RESULTADOS E DISCUSSÃO:

A resistência ao calor ajudou a determinar a temperatura que reduziu a população viável dos isolados de levedura para 50 - 99% (Beuchat L., 1981). A temperatura que reduziu a população viável de Y_1, Y_2, Y_3, Y_4 a 99%, foi encontrada a 67°C (Y_1, Y_2,), 63°C, 61°C, durante um período de 20 minutos.

Tabela 3.3. Determinação da resistência ao calor dos isolados de levedura

Tabela 3.3.1. Determinação da resistência ao calor do isolado de levedura *Zygosaccharomyces rouxii.*

Temperatura do tratamento	Cfu/ml	Redução da população
55⁰C	6×10^4	93%
57⁰C	5×10^4	94%
59⁰C	3.5×10^4	96%
61⁰C	2.5×10^4	97%
63⁰C	1.6×10^4	98%
65⁰C	1×10^4	98.7%
67⁰C	0.8×10^4	99%
69⁰C	0.5×10^4	-
71⁰C	0.4×10^4	-
73⁰C	0.3×10^4	-

75⁰C	0.1 x 10^4	-
77⁰C	-	-
79⁰C	-	-
81⁰C	-	-
83⁰C	-	-
85⁰C	-	-
Controlo (sem aquecimento)	77 x 10^4	-

Gama de temperaturas: 55⁰C - 85⁰C

Tempo de tratamento térmico: 20 minutos.

Tempo e temperatura de incubação: R. T. durante 5 dias.

Tabela 3.3.2. Determinação da resistência ao calor do isolado de levedura *Candida didensiae*

Temperatura do tratamento	Cfu/ml	Redução da população
55⁰C	0.6 x 10^5	99.8%
57⁰C	0.5 x 10^5	99.9%
59⁰C	0.45 x 10^5	99.85%
61⁰C	0.37 x 10^4	99.88%
63⁰C	0.3 x 10^5	99%
65⁰C	0.2 x 10^5	-
67⁰C	0.15 x 10^5	-
69⁰C	0.1 x 10^5	-
71⁰C	0.07 x 10^5	-
73⁰C	0.05 x 10^5	-
75⁰C	-	-
77⁰C	-	-
79⁰C	-	-
81⁰C	-	-
83⁰C	-	-
85⁰C	-	-

Controlo (sem aquecimento)	30×10^5	-

Gama de temperaturas: 55⁰C- 85⁰ C

Tempo de tratamento térmico: 20 minutos.

Tempo e temperatura de incubação: R.T. durante 5 dias.

Tabela 3.3.3. Determinação da resistência ao calor do isolado de levedura *Zygosaccharomyces bailly*

Temperatura do tratamento	Cfu/ml	Redução da população
55°C	15.9×10^4	93%
57°C	15×10^4	94%
59°C	13.9×10^4	96%
61°C	12.7×10^4	97%
63°C	11.5×10^4	98%
65°C	11.0×10^4	98.7%
67°C	1.7×10^4	99%
69°C	1.5×10^4	-
71°C	1.2×10^4	-
73°C	-	-
75°C	-	-
77°C	-	-
79°C	-	-
81°C	-	-
83°C	-	-
85°C	-	-
Controlo (sem aquecimento)	175×10^4	-

Gama de temperaturas: 55⁰C- 85⁰ C

Tempo de tratamento térmico: 20 minutos.

Tempo e temperatura de incubação: R. T. durante 5 dias.

Tabela 3.3.4. Determinação da resistência ao calor do isolado de levedura *Candida albicans*

Temperatura do tratamento	**Cfu/ml**	**Redução da população**
55⁰C	1.5×10^5	94%
57⁰C	1.14×10^5	96%
59⁰C	0.71×10^5	97%
61⁰C	0.35×10^5	99%
63⁰C	0.22×10^5	-
65⁰C	0.1×10^5	-
67⁰C	00.5×10^5	-
69⁰C	-	-
71⁰C	-	-
73⁰C	-	-
75⁰C	-	-
77⁰C	-	-
79⁰C	-	-
81⁰C	-	-
83⁰C	-	-
85⁰C	-	-
Controlo (Sem aquecimento)	30×10^5	-

Gama de temperaturas: 55⁰C- 85⁰ C

Tempo de tratamento térmico: 20 minutos.

Tempo e temperatura de incubação: R.T. durante 5 dias.

De 120 estirpes de leveduras representativas da flora fúngica de refrigerantes e de certos alimentos, as leveduras ascosporogénicas eram menos resistentes do que as ascomicetas. Estas conclusões foram tiradas de experiências em que foram testadas culturas esporuladas de 10 - 14 dias de leveduras ascomicetas e células com 5 dias de idade de leveduras ascosporogénicas. A comparação destes dados com os obtidos a partir de um número limitado de estirpes avaliadas no presente estudo tende a sugerir que os ascósporos podem determinar a resistência ao calor até certo ponto (Roth K., 1969; Stevenson et al., 1976).

No entanto, outros factores como a extensão da formação de ascósporos, o tipo e a origem das estirpes, a composição e o pH do meio de aquecimento e de recuperação e a presença de aglomerados de células no meio de aquecimento podem também influenciar as sensibilidades relativas das leveduras ao calor, independentemente da sua capacidade de formar ascósporos.

A fuga de constituintes celulares indica que podem ocorrer danos na membrana celular durante o stress térmico (Nash et al., 1969). Outra manifestação de lesão térmica pode ser a inativação de enzimas lábeis ao calor. Foi relatado que a levedura Candida gelida perdeu a sua capacidade de fermentar a glucose depois de ter sido exposta a temperaturas acima do ótimo, e esta perda de atividade fermentativa foi devida à inativação térmica da piruvato descarboxilase (Grant et al., 1968). O stress térmico inactivou os ribossomas de algumas leveduras psicrófilas por perturbação da função ribossomal, caracterizada por uma capacidade reduzida de ligação ao ARNt carregado e por degradação física. Este efeito nos ribossomas interfere com a capacidade das células para sintetizar proteínas (Nash et al., 1969).

Capítulo 4

VERIFICAÇÃO DA SENSIBILIDADE DE LEVEDURAS SUBMETIDAS A STRESS TÉRMICO A ÓLEOS ESSENCIAIS DE PLANTAS

4. VERIFICAÇÃO DA SENSIBILIDADE DE LEVEDURAS SUBMETIDAS A STRESS TÉRMICO A ÓLEOS ESSENCIAIS DE PLANTAS:

4.1 PREFÁCIO:

Os óleos essenciais, compostos extraídos de vários tipos de plantas utilizados na conservação de alimentos e bebidas, têm um efeito inibidor sobre o crescimento de microrganismos. Outras partes de plantas ou os seus extractos, incluindo o alho, a cebola, a canela, a mostarda, o tomilho, os orégãos, o gengibre, a segurelha, o cravinho, utilizados como especiarias ou ervas aromáticas para conferir aromas ou sabores especiais aos alimentos, também são conhecidos por terem actividades antimicrobianas. Naturalmente, a sua atividade depende do tipo, da composição e da concentração da especiaria ou dos óleos essenciais, do tipo e da composição do substrato, dos tratamentos de processamento e das condições de armazenamento (Marino et al., 1999).

O presente capítulo inclui o método de controlo da esterilidade dos óleos essenciais. Além disso, estes óleos essenciais foram verificados contra isolados de levedura submetidos a stress térmico e não aquecidos.

4.2 REVISÃO DA LITERATURA:

4.2.1. Óleos essenciais

Os óleos essenciais são odoríferos, o componente volátil de origem vegetal que contribui para o aroma caraterístico. São geralmente recuperados de várias partes de plantas por destilação a vapor e também por extração com fluido supercrítico (SCFE), a tecnologia de extração mais avançada

Os óleos essenciais representam o aroma de especiarias ou plantas, não conferem cor ao produto final, proporcionam perfis de sabor uniformes, são isentos de enzimas e taninos e são microbiologicamente estáveis.

Os óleos essenciais (EOs) são compostos complexos e perfumados derivados de materiais vegetais, normalmente conhecidos pelas suas propriedades aromáticas e aromatizantes, mas também possuem capacidades antimicrobianas. Tanto os óleos essenciais de plantas inteiras como muitos dos álcoois, éteres, cetonas e aldeídos que os compõem têm propriedades antimicrobianas bem documentadas. O óleo de tomilho, o óleo de botão de cravinho, o óleo de casca de canela e os seus componentes carvacrol, timol, eugenol, ácido cinâmico e cinamaldeído exibiram propriedades antibacterianas. Embora a eficácia antibacteriana dos OEs tenha sido bem documentada, existe pouca informação disponível sobre as suas capacidades antifúngicas. Muitos OEs foram testados contra *Saccharomyces cerevisiae* e/ou *Candida albicans*, mas não contra outras leveduras conhecidas por causar deterioração.

4.2.2. Óleo essencial na conservação de alimentos.

Existe um interesse crescente na utilização de novos métodos para tornar os alimentos seguros que tenham uma imagem natural ou "verde". Uma dessas possibilidades é a utilização de óleos essenciais (OE) como conservantes alimentares (Burt, 2004). A conservação dos alimentos para prolongar o seu prazo de validade, garantindo simultaneamente a sua segurança e qualidade, é uma preocupação central da indústria alimentar e das agências governamentais. O prazo de validade foi definido como o período de tempo durante o qual o produto alimentar permanecerá seguro; terá a certeza de reter as caraterísticas sensoriais, químicas, físicas, microbiológicas e funcionais desejadas; e cumprirá qualquer declaração de dados nutricionais no rótulo quando armazenado nas condições recomendadas. Por conseguinte, pode dizer-se que qualquer aditivo que possa prolongar ou manter o prazo de validade de um produto alimentar pode ser descrito como um conservante, e o OE é um desses aditivos.

Os OEs podem ser definidos como misturas complexas de metabolitos secundários lipofílicos voláteis que ocorrem naturalmente e que conferem às plantas e especiarias a sua essência e cor caraterísticas (Benchaar e Greathead, 2011; Benchaar et al., 2008). Podem ser extraídos de diferentes plantas e, tradicionalmente, as suas extracções são feitas por água a ferver e destilação a vapor. A extração com solventes, a extração com CO_2 supercrítico e a extração por expressão são outros métodos que podem ser utilizados para a extração de Eos (Benchaar e Greathead, 2011). Foram relatadas várias aplicações em medicina, alimentos e indústrias de fragrâncias (Noorizadeh et al., 2011).

4.2.3. Efeitos conservantes dos óleos essenciais

Os OEs são normalmente caracterizados por um odor forte e estas misturas consistem em mais de 200 constituintes que podem ser agrupados basicamente em duas fracções de fracções voláteis e não voláteis (Jalali-Heravi et al., 2010). Cerca de 90-95% de todo o OE é constituído pela fração volátil e esta consiste em hidrocarbonetos monoterpenos e sesquiterpenos e seus derivados oxigenados, juntamente com aldeídos alifáticos, álcoois e ésteres. O resíduo não volátil, no entanto, constitui cerca de 5-10% do óleo total, que contém principalmente hidrocarbonetos, ácidos gordos, esteróis, carotenóides, ceras, cumarinas e flavonóides (Basile et al., 1998; Luque de Castro et al., 1999).

Os componentes fenólicos, de acordo com Burt (2004), são os principais responsáveis pelos efeitos conservantes dos OEs em termos de propriedades antibacterianas. Estes compostos fenólicos, definidos como parte do importante grupo de metabolitos secundários produzidos pelas plantas, são caracterizados por pelo menos um anel aromático (C6) que contém um ou mais grupos hidroxilo (Michalak, 2006). A biossíntese de compostos fenólicos nas plantas através de aminoácidos aromáticos inicia-se através da via do chiquimato. A importância desta via é demonstrada pelo facto de, em condições normais de crescimento, 20% do carbono fixado pelas plantas passar por esta via. Os aminoácidos aromáticos, fenilalanina, tirosina e triptofano, são formados por esta via e são posteriormente utilizados para a síntese de proteínas ou transformados, através do metabolismo dos fenilpropanóides, em metabolitos secundários, como os compostos fenólicos (Diaz et al., 2001). Os compostos fenólicos estão divididos em vários grupos e baseiam-se no número de átomos de carbono constitutivos em conjunto com a estrutura do esqueleto fenólico básico (Michalak, 2006). As fórmulas estruturais de uma série de componentes conservantes de alguns OEs foram compiladas por Burt (2004).

Os efeitos conservantes dos OEs como agentes antimicrobianos foram documentados (Burt, 2004). As actividades antimicrobianas dos OEs de tomilho, por exemplo, foram comunicadas como sendo principalmente mediadas pelo timol e pelo carvacrol, que são os componentes fenólicos do óleo. O timol, que é estruturalmente muito semelhante ao carvacrol, tem o grupo hidroxilo numa localização diferente no anel fenólico. Ambas as substâncias parecem tornar a membrana celular permeável (Lambert et al., 2001). O carvacrol e o timol são capazes de desintegrar a membrana externa das bactérias Gram-negativas, libertando lipopolissacáridos e aumentando a permeabilidade da membrana citoplasmática ao trifosfato de adenosina. A presença de cloreto de magnésio não teve qualquer influência sobre esta ação, o que sugere um mecanismo diferente da quelação de catiões na membrana externa (Helander et al., 1998).

As evidências mostram que os componentes minsor têm um papel crítico a desempenhar nas actividades biológicas dos OEs, possivelmente produzindo um efeito sinérgico entre outros componentes. Após vários estudos, foi reconhecido que os fenóis desempenham um papel importante na atividade antimicrobiana dos OEs. Estes fenóis terpénicos unem-se aos grupos aminse e hidroxilaminse das proteínas da membrana bacteriana, alterando assim a sua permeabilidade e resultando na morte das bactérias (Juven et al., 1994). Olmedo et al. (2013) avaliaram o efeito dos OEs de orégãos e alecrim nas estabilidades oxidativa e fermentativa de queijo aromatizado preparado com uma base de queijo creme. O seu estudo mostra que os OE de orégãos e alecrim demonstraram um efeito protetor contra a oxidação lipídica e a fermentação em queijo aromatizado preparado com uma base de queijo creme. Goni et al. (2009) demonstraram a atividade antimicrobiana do vapor gerado por uma combinação de OEs de canela e cravinho contra o crescimento de quatro bactérias Gram-negativas *(Escherichia coli,*

Yersinia enterocolitica, Pseudomonas aeruoginosa e *Salmonella choleraesuis)* e quatro Grampositivas (*Staphylococcus aureus, Listeria monocytogenes, Bacillus cereus* e *Enterococcus faecalis*). Este estudo mostra pela primeira vez que uma combinação de OEs na fase de vapor tem um efeito conservante contra a proliferação de microorganismos.

Bounatirou et al. (2007) relataram a composição química, as actividades antioxidantes e antibacterianas de OEs isolados por hidrodestilação das partes aéreas de *Thymus capitatus* Hoff. et Link da Tunísia durante as diferentes fases do desenvolvimento da planta e de diferentes locais. Depois de comparar as propriedades antibacterianas destes OEs com antibióticos sintéticos, foi observada uma maior atividade antibacteriana com os OEs da fase de floração e pós-floração.

4.2.4. O óleo essencial como repelente para a conservação dos alimentos

Os produtos alimentares, tais como grãos armazenados, frutos e outros materiais celulósicos vulneráveis à infestação por várias pragas, principalmente artrópodes, podem ser preservados quando a atividade deletéria destes insectos e artrópodes é inibida. Atualmente, a utilização de produtos químicos sintéticos específicos para controlar insectos e artrópodes selecionados é uma prática comum que suscita várias preocupações relacionadas com o ambiente e a saúde humana. Outras alternativas que estão a ser exploradas são a utilização de produtos naturais que possuem uma boa eficácia e são amigos do ambiente. Entre estes produtos químicos, os OE de plantas pertencentes a várias espécies foram extensivamente testados para avaliar as suas propriedades repelentes como um recurso natural valioso, tendo-se verificado que são altamente potentes.

Em relação às questões de saúde humana, a Agência de Proteção Ambiental dos Estados Unidos confirmou a eficácia de alguns OEs e, consequentemente, registou os óleos de citronela, limão e eucalipto como ingredientes repelentes de insectos para aplicação na pele. Os produtos naturais estão a ser frequentemente utilizados porque se verificou que têm uma baixa toxicidade, produzem uma eficácia comparável à de outros OE e de produtos químicos sintéticos e são preferidos pelos clientes (Katz et al., 2008). No entanto, Trumble (2002) referiu que, em geral, os produtos naturais utilizados no controlo de pragas nem sempre são mais seguros do que os produtos sintéticos devido a ensaios inadequados e/ou à falta de ensaios exclusivamente abrangentes para testar a eficácia e a segurança. Nerio et al. (2010) documentaram um levantamento dos OEs de plantas que demonstraram uma repelência significativa para as espécies de artrópodes, indicando a espécie animal utilizada como referência repelente, a ordem, vários nomes científicos, a fonte vegetal, incluindo a família da planta utilizada, e o país de residência. O extenso estudo mostra que os OEs de plantas e os seus metabolitos individuais indicaram um potencial ótimo para a atividade repelente contra várias espécies, não só de insectos, mas também de outros tipos de artrópodes. Os produtos naturais têm, portanto, um potencial considerável como produtos repelentes comerciais quando são misturados com materiais fixadores, porque a elevada volatilidade inerente que possuem naturalmente diminui os seus tempos efectivos de proteção.

4.2.5. Óleos essenciais como constituintes de embalagens antimicrobianas:

Os OEs têm sido confirmados como sendo de grande importância no controlo das populações microbianas. Normalmente, são condicionados para atingir microrganismos específicos, a fim de fornecer produtos de maior segurança e qualidade na indústria alimentar em relação à durabilidade mínima estabelecida para cada produto alimentar. Em particular, os OEs têm sido confirmados como ingredientes activos desejáveis no desenvolvimento de materiais de embalagem activos para produtos alimentares (Day, 1989). A demanda pelo uso de embalagens antimicrobianas como embalagens ativas está aumentando e, em essência, a demanda por OEs como ingredientes ativos devido à preferência contínua dos consumidores por produtos alimentícios minimamente processados (Sadaka et al., 2013). A este respeito, os OEs e, mais especificamente, as suas moléculas bioactivas estão a ser exaustivamente analisados quanto aos seus atributos antimicrobianos (Burt, 2004; Kordali et al., 2005; Sokmen et al., 2004), antifúngicos (Kordali et al., 2005), antivirais (Sokmen et al., 2004), insecticidas (Regnault-Roger et al., 1993) e antioxidantes (Kordali et al., 2005; Sokmen et al., 2004). Vários outros óleos são também utilizados em aromaterapia (Buchbauer e Jirovetz, 1994; Herrmann, 2009; Wood, 2003), cosmética (Motoyoshi et al., 1978), indústrias de fragrâncias ou para o tratamento do cancro (Carnesecchi et al., 2001).

No entanto, o mecanismo de ação dos OEs é fundamental nos sistemas alimentares no que diz respeito às suas aplicações. Sadaka et al. (2013) relataram que, considerando o grande número de diferentes grupos de compostos químicos presentes nos OEs, é muito provável que sua atividade antibacteriana não seja atribuível a um mecanismo específico, mas resulte de múltiplos danos nas células.

O impacto antimicrobiano de vários óleos essenciais em meio de cultura, ou quando incluídos em películas comestíveis, em algumas estirpes de bactérias produtoras de ácido lático também foi relatado. A embalagem antimicrobiana contém uma gama de agentes naturais comuns, incluindo óleos essenciais que foram incorporados ou revestidos em películas de embalagem sintéticas (Sadaka et al., 2013).

4.2.6. Óleos essenciais como constituintes de embalagens comestíveis

Os revestimentos comestíveis de materiais alimentares são uma das inovações na indústria alimentar. Normalmente, sabe-se que as embalagens comestíveis são compostas por proteínas, polissacáridos e lípidos. Embora as películas de proteínas e polissacáridos apresentem boas propriedades mecânicas, são altamente permeáveis à água devido à sua natureza hidrofílica. As tendências hidrofílicas podem ser melhoradas através da adição de caseinato de sódio (SC). O SC é um polímero solúvel em água disponível comercialmente que é obtido pela precipitação ácida da caseína, a principal proteína do leite de vaca (Audic e Chaufer, 2005). As películas comestíveis à base de caseína são altamente nutritivas e, por isso, são atrativamente adequadas para aplicações alimentares. Têm também excelentes propriedades sensoriais inerentes e um potencial louvável para fornecer aos produtos alimentares uma proteção adequada contra o macroclima que os rodeia. Além disso, as propriedades de barreira à água são conhecidas por serem "inferiores" (Han e Gennadios, 2005). A este respeito, Fabra et al. (2008) melhoraram com sucesso a adequação da permeabilidade ao vapor de água das películas SC para produtos alimentares, adicionando misturas de ácido oleico e cera de abelha. A inclusão de OEs, como o óleo de canela e o óleo de gengibre, é outra alternativa para melhorar as embalagens comestíveis à base de CS. Atares et al. (2010) caracterizaram filmes comestíveis à base de CS incorporados com OE de canela ou gengibre e determinaram que o óleo de canela permaneceu homogeneamente integrado na matriz de CS, dando origem a filmes com superfícies regulares, mas afectou consideravelmente as propriedades ópticas dos filmes de CS. Devido à agregação dos lípidos durante a secagem, o óleo de gengibre provocou um aumento da rugosidade da superfície e uma perda de brilho.

Todas as películas produzidas com os OEs selecionados protegeram eficazmente o óleo de girassol contra a oxidação. É provável que isto esteja associado à sua baixa permeabilidade ao oxigénio na baixa humidade relativa da atmosfera circundante onde o estudo foi realizado. A atividade antimicrobiana do óleo essencial de especiarias é importante na preservação de alimentos e produtos alimentares, sobremesas, gelados, manteigas, molhos para saladas, molhos, sopas, vegetais, peixe, pães, bolos, carnes, xaropes, compotas, geleias, etc. (Zaika, 1988).

4.2.7. Óleos essenciais, especiarias e plantas aromáticas

Os óleos essenciais (OE) são misturas puras ou parcialmente purificadas de substâncias lipofílicas, normalmente obtidas sob a forma de líquido a partir de uma parte de planta designada. Os OE têm sabor e odor porque contêm compostos aromáticos voláteis (ou seja, moléculas que provocam um sabor e cheiro caraterísticos). Um OE pode ser chamado de "óleo da" planta da qual foi obtido - geralmente por destilação, expressão ou extração com solvente. Um OE é denominado "essencial" no sentido em que tem um aroma, cheiro ou essência distintivos/caraterísticos da planta de onde provém. O termo *planta aromática* descreve uma planta conhecida por um ou mais OEs.

A maioria dos OEs contém hidrocarbonetos e compostos oxigenados, principalmente como terpenos e terpenóides, com pesos moleculares não superiores a 300 Da. Os OEs são bem conhecidos pelas suas utilizações em alimentos e bebidas e em medicina e cosmética (Sellar, 2001; Baser e Buchbauer, 2010). As partes da planta (normalmente secas) que contêm OE são frequentemente designadas por especiarias; estas têm sido amplamente utilizadas desde a Idade Média, na época dos alquimistas. As especiarias são geralmente consideradas como aromatizantes seguros em alimentos e bebidas. No entanto, os OEs utilizados em nutrição e medicina devem ser manuseados profissionalmente, de acordo com boas práticas de fabrico rigorosas.

A Organização Internacional de Normalização (ISO) estabeleceu mais de 100 normas para os OEs. Exemplos incluem a ISO 3217:1974, que aborda o óleo de erva-cidreira; a ISO/TR210:1999, sobre as regras gerais de embalagem, acondicionamento e armazenamento de OEs; a ISO 7359:1985, que discute a análise de OEs por cromatografia gasosa em colunas empacotadas; a ISO 4720:2009 sobre nomenclatura; e a ISO 25157:2013 sobre o OE de rosas chinesas do tipo Kushui. Estas normas ISO estão listadas no catálogo ISO (2013) e são amplamente utilizadas para orientar a produção, o controlo de qualidade, a comercialização e a utilização de OEs em todo o mundo.

4.2.8. Refrigerantes gaseificados

Os refrigerantes carbonatados ("sodas") são bebidas frias e não alcoólicas. Este capítulo centra-se nos refrigerantes de cola e citrinos que contêm OE das seguintes plantas aromáticas *coca-Erythroxylum coca* (Erythroxylaceae); *canela-Cinnamomum* (Lauraceae); noz-moscada-Myristica *fragrans* (Myristicaceae); coentros-Coriandrum *sativum* (Apiaceae); neroli-Citrus *aurantium* (Rutaceae); limão-Citrus *limon* (Rutaceae); lima-Citrus *limetta* (Rutaceae); laranja-Citrus *sinensis* (Rutaceae); e baunilha-Vanilla *planifolia* (Orchidaceae). Um refrigerante pode conter o equivalente sintético de qualquer um dos aromas acima referidos e não pode conter mais de 0,5% v/v de etanol (Alcoholfree.co.uk., 2012). Outros nomes pelos quais os refrigerantes são chamados incluem "bebida gaseificada" e "minseral", entre outros (D'Amato et al., 2011; Vaux, 2011).

O primeiro refrigerante popular, Coca-Cola ou Coca-Cola, produzido pela The CocaCola Company (TCCC), numa fase da sua história continha óleos de todas as plantas enumeradas acima (TCCC, 2013). Os refrigerantes autodenominados lima-limão contêm óleos de limão e lima como aromas principais, com ou sem óleo de laranja como componente menor. Os refrigerantes de laranja contêm óleo de laranja como aromatizante principal, com ou sem óleos de limão e lima como componentes menores. Os óleos de limão, lima, neroli e laranja são coletivamente designados por óleos cítricos. Os refrigerantes são preparados a partir de água purificada, açúcar (ou outro edulcorante), OE, corantes e conservantes, e dióxido de carbono (CO_2). Por vezes, são incorporadas nas sodas algumas quantidades de sumo de fruta natural. Na indústria dos refrigerantes, os OE e outros ingredientes estratégicos, incluindo os corantes, são fornecidos pelas grandes empresas licenciadoras de refrigerantes (SDLC) sob a forma de concentrados a empresas de engarrafamento mais pequenas e licenciadas ("engarrafadores") (May, 1998; Benson, 2004; TNI Conflict & Debate Paper 13, 2006; TCCC, 2013). Este acordo, de certa forma feudal, existe desde o final do século XIX e funciona em todo o mundo, exceto em Cuba e na Coreia do Norte (TCCC, 2013). Durante as décadas de 1970 e 1980, algumas economias emergentes tentaram mudar a ordem das coisas, mas não tiveram sucesso.

4.2.9. Efeito dos óleos essenciais nas propriedades organolépticas (cheiro, sabor e textura) dos alimentos

a. Introdução

Os óleos essenciais (OE) são líquidos oleosos aromáticos e voláteis formados em células especiais ou grupos de células, encontrados em folhas e caules, e normalmente concentrados numa região específica, como folhas, cascas ou frutos. Há muito que os OEs são utilizados como agentes aromatizantes em alimentos e bebidas. A expressão, a fermentação ou a extração e destilação a vapor são os métodos mais adequados para os obter. A temperatura, as condições do solo, a altitude em que são cultivados e o país em que são cultivados são as principais causas das variações entre os OEs. Os verdadeiros OEs não são oleosos, apesar do seu nome. Os OEs são todos não oleosos, parcialmente solúveis em água, inflamáveis, voláteis, solúveis em álcool e facilmente absorvidos pelo corpo humano. Os OEs são geralmente reconhecidos como seguros e estão a atrair interesse como alimento natural.

O carvacrol e o timol são os principais compostos bioactivos dos óleos de orégãos *(Origanum vulgare* L.) e tomilho *(Thymus vulgaris* L.), respetivamente, e caracterizam-se por fortes propriedades antibacterianas (Gutierrez et al., 2009). Os OEs têm mais de 50 componentes; um a três deles são os componentes principais representando 85-95% do volume total, enquanto os outros são componentes menores, representando menos de 1%. O carácter químico dos compostos influencia a sua eficácia antimicrobiana e o mecanismo de ação no organismo alvo. Os principais grupos de OEs são os terpenos, os terpenóides e os constituintes aromáticos e alifáticos.

b. Propriedades físicas e químicas dos OEs

Os OEs diferem muito nos seus odores, índices de refração, propriedades ópticas e de rotação específica. São imiscíveis com a água, mas solúveis em éter, álcool e na maioria dos solventes orgânicos. Os OEs não são óleos fixos, uma vez que podem ser destilados a partir das suas fontes naturais e não são constituídos por ésteres de glicerilo de ácidos gordos e não podem ser saponificados com alcalinos como nos óleos fixos. Os OEs contêm hidrocarbonetos, álcoois, cetonas, aldeídos, éteres, óxidos, ésteres e outros, e apenas alguns possuem um único componente numa percentagem elevada. Os OEs contêm mais de 200 componentes que são essenciais para o seu odor e sabor. A ausência de um único componente pode alterar o aroma. Os OEs do limbo, da bainha foliar e dos rizomas são significativamente diferentes nas suas propriedades químicas, por exemplo, densidade, índice de refração e poder rotatório. Estas propriedades contribuem para uma melhor caraterização dos OEs de plantas (Noudogbessi et al.,)

c. Efeito dos OEs nas propriedades organolépticas dos alimentos (olp)

Os OEs extraídos dos caules, folhas e copas floridas de algumas plantas herbáceas são utilizados para aromatizar licores, refrigerantes, bebidas e preparações farmacêuticas. Muitos OEs de ervas e especiarias são amplamente utilizados em alimentos como aditivos. A sua principal função é conferir sabores e aromas desejáveis. Por conseguinte, é possível que sejam necessários dados toxicológicos e de segurança adicionais antes da aprovação regulamentar da sua utilização como novos conservantes alimentares. Os OEs e seus constituintes têm sido amplamente utilizados como ingredientes aromatizantes em uma ampla variedade de alimentos, bebidas e produtos de confeitaria (Kalantari et al., 2012). A composição e a presença de OEs podem determinar claramente o aroma específico das plantas e o sabor dos condimentos. Os OEs de ervas e especiarias também podem ser utilizados como ingredientes funcionais. O manjericão doce é muito utilizado para conferir um aroma e um sabor caraterísticos aos alimentos, como saladas, pizzas, carnes e sopas (Viuda-Martos et al., 2011).

Os OEs do óleo da folha e do óleo da baga da pimenta da Jamaica *(Pimenta dioica)* são utilizados como agente aromatizante em produtos de carne e confeitaria. O nível máximo permitido de óleo de bagas em produtos alimentares é de cerca de 0,025% (Krishnamoorthy e Rema, 2004). Okunola et al. (2007) extraíram OEs com *n-hexano* das sementes de *Piper guineense,* botões florais de *Eugenia aromática* e grãos de *Monodora Myristica* e adicionaram-nos a grãos armazenados. Estes autores referiram que os grãos cozidos armazenados com uma taxa de dosagem mais baixa de 5 ml/kg de OE foram significativamente preferidos pelos membros do painel. Além disso, os grãos cozidos tratados com OE de noz-moscada condimentada foram significativamente aceites e preferidos (Okunola et al., 2007). Os OEs das folhas, caules, rizomas e raízes de *Alpinia galanga* são utilizados para dar sabor a vários pratos e como aditivos alimentares na Malásia, Tailândia, Indonésia e China (Anon, 2002). O óleo de lavanda, o óleo de alfazema, o óleo de alfazema em espiga e o absoluto de alfazema são utilizados como aromas alimentares naturais. As suas utilizações na indústria alimentar incluem produtos de pastelaria, produtos lácteos congelados, doces macios, gelatina, pudim e bebidas não alcoólicas (Lis-Balchin, 2004). Os OEs da semente de ajowan são responsáveis por fornecer um sabor típico devido à presença de timol, estearopteno, cumeno e terpeno "timeno". Estes constituintes dão um sabor quente, aromático e agradável aos produtos alimentares quando utilizados em alimentos processados, snacks, molhos e vários vegetais (Malhotra, 2004).

Hulankova et al. (2013) provaram o efeito do óleo essencial de orégãos (OEO) e do ácido caprílico (CA) como aditivo combinado quando utilizados na carne. Esses autores relataram que as amostras tratadas com CA apresentaram os menores escores de atributos ao longo do período de armazenamento e foram consideradas inaceitáveis. No entanto, as amostras tratadas com OEO apresentaram melhores pontuações do que o grupo de controlo e mantiveram-se acima do ponto neutro (pontuação 5) até ao sexto dia de armazenamento. O odor das amostras cozinhadas tratadas com OEO volátil foi mais pronunciado, mas ainda assim avaliado como aceitável. Em termos de aceitabilidade global, as amostras tratadas com misturas de OEO e CA não foram estatisticamente diferentes ($P = 0{,}91$ e $P = 0{,}97$), uma vez que as melhores pontuações em termos de odor foram compensadas por uma pior aparência (cor), uma vez que as amostras tratadas com CA apresentaram piores atributos de cor. Finalmente, a adição de óleo de orégãos melhorou o sabor, o odor e a cor da carne picada armazenada e foi quase indetetável após a cozedura em (Hulankova et al., 2013).

Calin-Sanchez et al. (2012) caracterizaram as notas de odor intensas do manjericão doce fresco como fresco (8,1), floral (8,0) e herbáceo (6,4) utilizando os métodos de secagem convectiva e por micro-ondas a vácuo (VM), notaram um aumento significativo nas intensidades das amostras secas dos seguintes atributos em comparação com a amostra fresca: picante (média de 5,3 para amostras secas por convecção e VM em comparação com 3.6 no manjericão doce fresco), feno (média de 3,6 comparada com 0,8), doce (1,5 comparada com 0,8), terroso (média de 2,6 comparada com 0,8), lenhoso (média de 3,5 comparada com 0,9) e infusão (média de 5,0 comparada com 2,4). A adição de 1-3% p/p de folhas de oliveira melhorou a qualidade organoléptica do azeite, quando adicionadas a azeitonas maduras antes da extração para determinar o seu efeito na qualidade do azeite resultante.

Ocorreu um aumento no teor de aldeído *trans-2-hexenal*, dando o sabor agradável de "erva cortada fresca" (Di Giovacchino et al., 1996). Os efeitos de sete OEs (borneol, carvacrol, cinamaldeído, eugenol, mentol, timol e vanilina) foram estudados como conservantes alimentares, examinando os seus efeitos sobre o crescimento de *Bacillus cereus* ativado inoculado em caldo de cenoura tingido. As avaliações dos painelistas para carvacrol, cinamaldeído e timol mostraram que o timol tinha um odor forte que deixava um gosto residual ruim e minimizava o grau de aceitação ou gosto pelo produto. A partir deste estudo, os autores notaram que a baixa concentração de cinamaldeído pode melhorar o sabor do caldo de cenoura sem qualquer efeito adverso no seu sabor ou cheiro (Valero e Giner, 2006). Muitos componentes individuais de OE aprovam aromas alimentares e conferem um determinado sabor aos alimentos.

Diz-se que o carvacrol produz um aroma "calorosamente pungente" no peixe. Verificou-se que o kiwi fresco e o melão melado, quando tratados com pequenas quantidades de carvacrol ou ácido cinâmico, retardam a deterioração sem alterar o seu OLP (Roller e Seedhar, 2002). A Comissão Europeia registou os OE de carvacrol, carvona, cinamaldeído, citral, *p-cimeno*, eugenol, limoneno, mentol e timol para serem utilizados como aromatizantes alimentares sem qualquer risco para a saúde do consumidor. Gutierrez et al. (2008) trataram alface com orégãos a 250 ppm, verificaram que era aceitável para um painel sensorial e que não havia diferenças entre esta alface e a lavada com água clorada. Enquanto Wang et al. (2007) trataram morangos com eugenol, timol e mentol e concluíram que estes OEs atrasaram a deterioração dos frutos e mantiveram uma melhor qualidade dos frutos com níveis mais elevados de fenólicos, açúcares, ácidos orgânicos, flavonóides, antocianinas e capacidade de absorção de radicais de oxigénio do que os frutos não tratados.A adição de OE de orégãos e alecrim melhora a estabilidade oxidativa e fermentativa do queijo aromatizado preparado com uma base de queijo creme, e previne a oxidação lipídica e o desenvolvimento de sabores rançosos e fermentados. Os valores de peróxido e anisidina, a análise descritiva e os parâmetros de fermentação como indicadores de estabilidade durante o armazenamento foram avaliados para as amostras estudadas. O queijo aromatizado apresentou uma maior estabilidade durante o armazenamento, uma acidez mais baixa e contagens totais viáveis e um pH mais elevado. Os OEs de orégano e alecrim demonstraram um efeito protetor contra a oxidação lipídica e a fermentação em queijo aromatizado preparado com uma base de cream cheese (Olmedo et al., 2013). de Azeredo et al. (2011) analisaram os escores sensoriais em vegetais higienizados com OEs *de O. vulgare* e *Rosmarinus officinalis* isoladamente e em mistura. Verificaram que a média dos atributos mais avaliados ficou entre "gostei ligeiramente" e "não gostei nem desgostei" na escala hedônica para as amostras tratadas com OEs isolados e em mistura. Em todos os tempos de armazenamento avaliados, não foi encontrada nenhuma diferença significativa para o odor e o sabor nas amostras higienizadas com a mistura de OEs e o controlo.

O tempo de armazenamento não mostrou qualquer influência nos atributos sensoriais dos vegetais tratados com a mistura de OEs. Os OEs de tomilho, segurelha e cravinho têm uma boa atividade antifúngica na pasta de tomate e no ketchup. Quando as amostras tratadas foram examinadas por membros do painel, verificou-se que o óleo de tomilho era mais aceite pelos membros do painel do que o de segurelha e o de cravinho. Os resultados mostraram que todos os OEs podiam inibir o crescimento de *Aspergillus xavus*. As avaliações do painel de sabor foram realizadas numa base de ketchup de tomate, tendo-se verificado que a amostra com 500 ppm de óleo de tomilho foi aceite pelos membros do painel. Para ultrapassar as alterações no OLP da pasta de tomate, podem ser consideradas várias opções. Uma delas é encarar o OE como um componente de sabor e não apenas como um conservante. Em segundo lugar, incorporar o OE em produtos que já têm um sabor forte para mascarar a presença do OE da planta. Uma terceira alternativa é tentar utilizar alguns dos componentes mais activos, em vez de todo o óleo, com o objetivo de reduzir as alterações do OLP e manter a atividade antimicrobiana (Omidbeygi et al., 2007).

O principal constituinte do óleo de folha de canela é o cinamaldeído, que proporciona o odor e o sabor caraterísticos da canela. Os OEs de canela dão o sabor forte em produtos de panificação e pasta de tomate (Kalantari et al., 2012). A utilização de vapores de OE pode ser uma forma potencial de combater o efeito organolético provocado pelo contacto direto entre o alimento e o OE. A folha de couve apresentou alterações físicas óbvias quando sujeita a vapores de OE de limão, laranja doce e bergamota durante 24 horas de exposição. Os vapores foram absorvidos pela matriz alimentar, influenciando o OLP do alimento (Fisher e Phillips, 2006).

Os OEs podem ser aplicados como conservantes alimentares para proteger a qualidade e o prazo de validade dos alimentos. Al Otaibi e El Demerdash, (2008) referiram que a adição de OE de tomilho, manjerona ou salva aumentava o prazo de validade do labneh até 21 dias, com um sabor aceitável e um bom aspeto, sem quaisquer sinais de organismos de deterioração. Estes autores referiram que as pontuações totais do labneh contendo OE de tomilho, manjerona ou salva diminuíram com o aumento da concentração dos OE. Dos diferentes labneh tratados, o labneh contendo 0,2 ppm de óleos de tomilho, manjerona ou salva foi organolepticamente o mais aceitável e tinha um bom corpo e textura semelhantes aos do controlo não tratado (Al Otaibi e El Demerdash, 2008). Gao et al. (2014) fumigaram cogumelos de botão *(Agaricus bisporus)* com OEs de cravo, cinamaldeído e tomilho armazenados durante 16 dias. No final do período de armazenamento, estes autores relataram que os cogumelos fumigados com cinamaldeído escureceram ligeiramente, mas também tinham valor comercial e comestibilidade.

Não há provas do papel destes compostos naturais nesta questão, mas a conhecida atividade antioxidante relatada para estes OEs pode reduzir a desidratação e a ocorrência de polímeros acastanhados responsáveis pela atividade de acastanhamento e encolhimento dos cogumelos durante o período de armazenamento. Assim, a fumigação de cogumelos de botão com OE melhora a sua qualidade. A aplicação de OEs não diluídos de tomilho, orégãos e alecrim a alface, discos de cenoura, couve e mistura seca de salada de repolho levou a danos inaceitáveis na aparência e a um odor pouco atrativo (Scollard et al., 2013). Resultados semelhantes foram observados por Uyttendaele et al. (2004) que descobriram que os tecidos de pimentões picados podem ser amolecidos se tratados com OE de tomilho. Os efeitos organolépticos indesejáveis podem ser evitados diluindo os OE, utilizando combinações de OE, ou utilizando OE em combinação com material vegetal, como cenoura ou couve retalhos (Scollard et al., 2013). Tserennadmid et al., 2011 relataram que a utilização de OEs em frutas ou leite sensíveis à deterioração por leveduras poderia ser uma boa alternativa aos conservantes sintéticos, e um sabor harmónico foi alcançado pela adição de OE de limão ao sumo de maçã claro, prolongando também o tempo de armazenamento. Estes autores verificaram que o sabor do sumo foi positivamente influenciado pelo OE de limão em todos os produtos tratados. Um odor desagradável foi dominante no sumo de maçã claro, enquanto que no sumo turvo foi menos forte. O leite pasteurizado tratado com OE de limão tinha o odor mais agradável (Tserennadmid et al., 2011). Outro estudo revelou que a adição de OE de limão não causou uma deterioração do OLP do sumo de maçã. Além disso, o impacto sensorial do OE de limão num sumo acabado de espremer pode ser parcialmente disfarçado pelo seu sabor mais rico (Espina et al., 2012).

Chouliara et al. (2007) estudaram o efeito do OEO e do método de embalagem na vida de prateleira e nos atributos sensoriais da carne fresca de peito de frango armazenada a 4 °C. Os autores verificaram que a cor da carne tratada não foi claramente afetada pelo óleo de orégãos, mas a adição de óleo de orégãos a uma concentração de 1,0% conferiu um sabor muito forte ao produto. A escolha do OE e a sua concentração num determinado alimento é importante porque uma pequena quantidade pode causar alterações sensoriais. O forte aroma dos OEs pode afetar o OLP do alimento, mas as combinações sinérgicas de OEs entre si ou com outras técnicas de obstáculo podem reduzir este efeito (Krisch et al., 2011). Donsi et al. (2011) estudaram a adição de nanoemulsão T-SL-HPH (uma mistura de terpenos e lecitina de soja (T-SL) encapsulada em nanoemulsões à base de ingredientes de qualidade alimentar, preparada por homogeneização a alta pressão (HPH)) em diferentes concentrações a sumos de laranja e pera inoculados com *Lactobacillus delbrueckii*, a fim de testar a estabilidade microbiológica, bem como a alteração do OLP dos sumos armazenados a 32 °C.

Estes autores verificaram que a concentração e o pH do sumo não foram significativamente alterados pela adição da nanoemulsão. Isto também foi observado durante o período de armazenamento, a menos que tenha ocorrido um crescimento microbiano significativo. Em contraste, foram observados grandes desvios de cor quando 10 g/L de terpenos nanoencapsulados foram adicionados aos sumos, enquanto a adição da mistura de terpenos em concentrações mais baixas (5,0 g/L e 1,0 g/L) foi considerada aceitável, induzindo um desvio de cor muito menor. A cor permaneceu estável durante o tempo de armazenamento para todos esses sistemas. Outro estudo sobre sumos de fruta foi levado a cabo por Tyagi et al. (2013) que estudaram a atividade anti leveduras do óleo de mentha e vapores numa mistura de sumos de fruta avaliada através da medição da concentração inibitória mínima (CIM) e da concentração fungicida mínima contra oito alimentos - leveduras deteriorantes. Estes autores descobriram que a cor dos sumos tratados com o nível MIC permaneceu aceitável durante um período mais longo do que as amostras tratadas com o nível ^ MIC e *'A* MIC. A adição de óleo de mentha não alterou indesejavelmente o odor e a cor do sumo misturado.

Em particular, o odor do sumo misto suplementado com óleo de mentha persistiu durante mais oito dias em comparação com as amostras não tratadas. Além disso, a cor permaneceu estável nas amostras tratadas com óleo de mentha de nível MIC. Nas amostras tratadas com ^ nível MIC, o odor e a cor do sumo persistiram até 4 dias, enquanto que nas amostras tratadas com *'A* MIC, o odor e a cor do sumo persistiram apenas até dois dias. Quando adicionados aos bolos em diferentes concentrações durante o processamento, verificou-se que os OEs de *Zataria multiflora* e *Cinnamon zeylanicum* evitam a taxa de oxidação e reduzem os produtos de oxidação em comparação com o butilato de hidroxianisol. Verificou-se que os bolos que contêm estes OE apresentam vantagens nutritivas e funcionais consideráveis. Não foram observadas diferenças significativas entre as amostras tratadas nas propriedades de cor e textura. Finalmente, os resultados mostraram que os bolos produzidos foram totalmente aceites pelos membros do painel (Kordsardouei et al., 2013). A extração com fluido supercrítico (SFE) é bem conhecida como uma técnica amiga do ambiente para separar os OEs dos substratos vegetais. Os extractos obtidos por SFE podem reter as caraterísticas organolépticas do material de especiaria inicial. A adição de óleos essenciais de aguaribay e cedro a amendoins fritos e salgados afectou o perfil sensorial e a aceitação do consumidor, bem como mostrou um efeito protetor contra a oxidação lipídica (Rubén et al., 2012).

Em produtos condimentados, como pickles, chutney e molhos, o óleo essencial de especiarias em quantidades muito pequenas não só aumenta a palatabilidade dos alimentos, como também permite reduzir a deterioração microbiana durante a armazenagem (Meena et al., 1994).

- **Óleo essencial de cravo**

✓ Origem do Óleo Essencial de Cravo

O cravo-da-índia (Eugenia carophyllus) faz parte da família Myrtaceae. A árvore pode produzir três tipos muito diferentes de óleos essenciais, consoante a parte que é destilada: flor seca (cravinho), gavinha ou folha. Os óleos de cravinho têm um cheiro quente, forte e picante e o óleo é incolor a amarelo pálido. A sua viscosidade é média a aquosa. O óleo essencial de cravo-da-índia e o eugenol (2-metoxi-4-[2-propenil]-fenol) são extraídos da *Eugenia caryophyllata* da família Myrtaceae.

O óleo de cravo-da-índia é constituído por vários compostos, muitos de natureza fenólica, sendo o eugenol o constituinte mais predominante. Constituindo 94,7% do óleo do botão de cravo, acredita-se que o eugenol seja o componente antimicrobiano mais ativo (Peter 2001).

Foi demonstrado que o óleo de botão de cravinho inibe o crescimento de uma vasta gama de estirpes bacterianas. Quando testado utilizando métodos de difusão em ágar, o óleo de botão de cravinho demonstrou inibir o crescimento de *E. coli*, *Klebsiella pneumoniae, Pseudomonas aeruginosa, Staphylococcus aureus* e uma gama de bactérias de deterioração (Dorman e Deans, 1999). Utilizando um ensaio de difusão em ágar, Conner e Beuchat mostraram que 10% v/v de óleo de botão de cravinho inibiu o crescimento de 13 tipos diferentes de leveduras de deterioração com uma zona média de inibição de 19 mm (1984).

✓ Extração

Os óleos essenciais de cravinho são extraídos de Eugenia carophyllus (botão) da família Mytraceae.

✓ Composição química

Os principais componentes químicos do óleo essencial de cravinho são: eugenol, furfural, cariofileno, acetato de eugenilo e pineno.

✓ Utilização como conservante

O óleo de cravinho é conhecido por ter propriedades anti-sépticas. A sua utilização como conservante em pickles e pratos condimentados está bem documentada. Os óleos de cravinho são utilizados em sopas, molhos para pão, tartes de maçã e especiarias.

✓ Propriedades medicinais e terapêuticas

Para além disso, o óleo essencial de cravinho também apresenta algumas propriedades medicinais. É benéfico para o sistema digestivo, eficaz contra a diarreia, vómitos, espasmos e parasitas, bem como contra o mau hálito. Pode ajudar na dor de dentes, reumatismo, artrite e feridas na boca. Também é valioso no alívio de problemas respiratórios como bronquite, asma e tuberculose. A sua propriedade desinfetante é utilizada nos casos de doenças infecciosas. As propriedades terapêuticas do óleo de cravinho incluem: analgésico, antissético, antiespasmódico, anti-nevrálgico, carminativo, anti-infecioso, desinfetante, inseticida, estimulante e tónico.

O óleo de cravo e o eugenol têm uma atividade antifúngica considerável contra fungos clinicamente relevantes, incluindo estirpes resistentes ao fluconazol, merecendo uma investigação mais aprofundada para aplicação clínica no tratamento de infecções fúngicas. (Pinto et al., 2009). O mecanismo inibitório do eugenol está provavelmente relacionado com a sua perturbação das superfícies celulares. Por exemplo, quando as células *de Salmonella* Typhi foram expostas ao eugenol, as micrografias electrónicas mostraram uma rutura grave da superfície celular (Devi e outros 2010). Foram encontrados resultados semelhantes quando foram tiradas imagens de microscopia eletrónica de varrimento de *Saccharomyces cerevisiae* quando expostas ao eugenol. Quando as células de *S. cerevisiae* foram expostas a 3 mM (493 mg/l) de eugenol durante 1 h, as células foram consistentemente deformadas, indicando danos na superfície. Isto foi confirmado por leituras de absorvância a 260 nm, em que a libertação de componentes intracelulares e a mortalidade celular foram observadas a 6 mM (986 mg/l) em 1 h. (Bennis e outros 2004)

✓ Utilização e aplicações na ciência alimentar:

A exploração de óleos essenciais para a conservação de alimentos recebe cada vez mais atenção devido à preferência dos consumidores e à crescente preocupação com a resistência que os microrganismos desenvolveram aos conservantes convencionais. Os consumidores exigem menos resíduos químicos nos vegetais e a legislação impõe limites mais baixos. Estes factos geram a necessidade de desenvolver alternativas viáveis que reduzam os riscos ambientais e aumentem a confiança do consumidor no produto (Zhang et al., 2007).

Os óleos essenciais são utilizados em diferentes alimentos como aromatizantes ou biopreservantes. Vários estudos demonstraram que os óleos essenciais apresentam também propriedades antibacterianas, antifúngicas, antiparasitárias e insecticidas (Ponce et al., 2008, 2011). Alguns dos óleos essenciais que foram testados em alimentos são os da árvore do chá *(Melaleuca alternifolia),* alecrim *(Rosmari nusafficinalis),* hortelã-pimenta (*Mentha piperita*), trevo (*S. aromaticum*), limão (*Citrus Limonum*), orégãos (*Origanum vulgare*), etc. Muitos estudos in vitro relataram a eficácia dos óleos essenciais como antimicrobianos ou antioxidantes naturais (Ponce et al., 2003; Moreira et al., 2007). Ponce et al. (2004) e Moreira et al. (2005) estudaram a atividade antimicrobiana in vitro do óleo essencial de cravinho e determinaram as concentrações inibitórias mínimas (CIM) e o seu efeito nas propriedades antioxidantes dos vegetais.

Também foram efectuados estudos in vivo, aplicando óleo essencial de cravinho em sementes de alface (Goni, 2013), em plantas jovens de alface ainda na estufa (Goni, 2013; Goni et al., 2013) e em alface pós-colheita (Ponce et al., 2008; Ponce et al., 2010; Goni, 2013; Goni et al., 2013).

- **Óleo essencial de canela**

✓ Origem do óleo de canela

Nativa da Indonésia, mas cultivada no Sri Lanka e na Índia, a canela (Cinnamomum verum) é uma árvore tropical cor de ferrugem que pode crescer até 15 metros, mas é mantida a 6 pés por razões comerciais. Tem folhas verdes brilhantes e coriáceas e pequenas flores brancas com bagas roxas de forma oval. A casca é castanha-clara, de papel e tem espinhos grossos que se enrolam uns dentro dos outros e é colhida de 2 em 2 anos.

A canela é preparada removendo a casca interior e exterior da árvore da canela e enrolada para formar um cilindro quase sólido, ou pena. As espécies mais comuns da árvore da canela são a *Cinnamonium zylanicum* e *a Cinnamonium aromaticum.* O óleo essencial representa 1% (w/w) da casca (Peter 2001). Tal como acontece com todos os óleos essenciais, a composição química depende do local onde a planta foi cultivada, bem como da altura do ano em que foi colhida. O óleo da casca da canela pode conter mais de 30 compostos voláteis diferentes (Senanayake e outros 1978). Independentemente do local onde a canela é cultivada e colhida, o componente predominante é o trans-cinamaldeído (3-fenil-2-propenal), que representa 60-80% do óleo. O ácido cinâmico (ácido trans-3-fenilacrílico) é um componente menor do OE da casca da canela, representando 0,5-3% do óleo.

Utilizando um ensaio de difusão em ágar, o óleo de casca de canela foi inibidor para 13 estirpes de leveduras de deterioração, criando uma zona média de inibição de 18 mm em torno de uma concentração de 10% v/v (Conner e Beuchat 1984a). O cinamaldeído é também um antimicrobiano altamente eficaz, tendo-se verificado que inibe o crescimento ao interferir com a síntese de B-(1,3) - glucano, bem como a síntese de quitina em *S. cerevisiae* (Bang e outros 2000). Ao interferir com a síntese de ambos os compostos, as paredes celulares normais da levedura não podem ser criadas e a integridade geral da célula é comprometida.

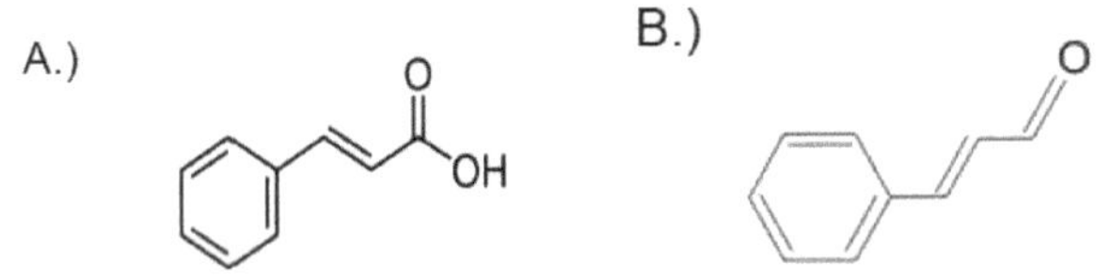

Fig : 4.1.1.) Estruturas do ácido cinâmico (massa molecular 148,16 Da) e 4.1.2.) Estrutura do cinamaldeído (massa molecular 132 Da)

O trans-cinamaldeído também demonstrou ser eficaz contra agentes patogénicos bacterianos, inactivando *Enterobacter* (agora *Cronobacter) sakazakii* na fórmula infantil contaminada (Amalaradjou e outros 2009). O ácido cinâmico (pKa 4,55) também demonstrou ser eficaz contra o crescimento de *S. enteric* e *E. coli* em sidra de maçã e sumo de laranja. Durante um período de amostragem de 7 dias, 400 e 1.000 mg/l reduziram a quantidade de agentes patogénicos presentes (Truong e outros 2010; Zheng e outros 2013).

O ácido cinâmico demonstrou ser menos eficaz contra bactérias deteriorantes, não tendo sido observada nenhuma zona de inibição em torno de 13 das 15 bactérias deteriorantes produzidas (Zheng et. al. 2013). No entanto, a solubilidade pode ser um problema quando se utiliza o ácido cinâmico, com apenas 0,496 g a dissolver-se num litro de água destilada a 25°C. (Truong 2007). Juntamente com as preocupações sobre a solubilidade do ácido cinâmico, muito pouca pesquisa foi feita utilizando o ácido cinâmico como um antifúngico.

✓ Extração

Para o óleo de canela, as folhas e os ramos ou a casca interior seca são submetidos a destilação a vapor. As folhas produzem 1,6-1,8% e a casca 0,5-1,0% de óleo essencial. O óleo essencial é mais frequentemente extraído das folhas, uma vez que produz um óleo mais delicado.

✓ Composição química

Os principais componentes químicos deste óleo essencial são: Eugenol,

Cinamaldeído, Beta Cariofileno, Linalol, Metil chavicol.

✓ Utilização como conservante (propriedade antimicrobiana)

O óleo essencial de canela tem sido estudado pela sua capacidade de parar o crescimento de bactérias e fungos, incluindo a levedura comummente problemática *Candida.* Em testes laboratoriais, o crescimento de leveduras resistentes à medicação antifúngica comummente utilizada - fluconazol, foi frequentemente interrompido por extractos de canela. As propriedades antimicrobianas dos óleos essenciais de canela são tão eficazes que uma investigação recente demonstra que este óleo essencial de especiaria pode ser utilizado como uma alternativa aos conservantes alimentares tradicionais. Assim, pode ser utilizado como um ingrediente-chave no garam masala e nos caris. Também é utilizado em bolos, pudins, maçãs assadas e vinho quente.

✓ Propriedades medicinais e terapêuticas

A canela contém vários terpenóides no seu óleo essencial que se acredita serem responsáveis pelos efeitos medicinais da canela. O cinamaldeído da canela ajuda a evitar a aglutinação indesejada das plaquetas sanguíneas.

O trans-cinamaldeído pode potencialmente ser utilizado para matar Escherichia sakazaki em fórmulas reconstituídas para lactentes que causam uma forma de meningite, colite necrotizante e meningoencefalite potencialmente fatal em recém-nascidos e crianças, mas são necessários estudos sensoriais antes de recomendar a sua utilização. (Amalaradjou et al., 2009)

A capacidade da canela para diminuir a libertação de ácido araquidónico das membranas celulares também a coloca na categoria de um alimento anti-inflamatório que pode ser útil para diminuir a inflamação. O cimnamadeído e os vapores do óleo de canela são compostos antifúngicos extremamente potentes (Bullerman et al., 1997). Evidências humanas preliminares confirmam este efeito em estudos de pacientes com SIDA com infecções orais por Candida (aftas) que melhoraram com a aplicação de óleo de canela (60, 61).

✓ Utilização e aplicações na ciência alimentar

A canela obteve o estatuto de aditivo alimentar geralmente reconhecido como seguro pela Food and Drug Adminsistration. É útil como conservante alimentar para inibir o crescimento de espécies fúngicas (Xing et al., 2010) e também devido às suas propriedades antioxidantes, actividades antibacterianas, insecticidas e nematicidas; tem sido amplamente utilizada na indústria alimentar. Além disso, é utilizada em condimentos, molhos, padaria, pastelaria e bebidas.

Antioxidante:

Atualmente, os antioxidantes naturais são muito procurados, devido à preferência dos consumidores e às preocupações de saúde associadas à utilização de antioxidantes sintéticos, como o hidroxianisol butilado (BHA) e o hidroxitolueno butilado (BHT). Para estimar a capacidade antioxidante dos óleos essenciais, são utilizados muitos métodos diferentes, e o valor da atividade antioxidante depende do método de estimativa. Tal como tem sido feito com a maioria dos antioxidantes sintéticos e naturais, os investigadores utilizaram vários testes in vitro e in vivo para avaliar a atividade antioxidante do óleo essencial de canela. A avaliação da capacidade de extinção do radical livre 2,2-difenil-1-picrilhidrazil (DPPH) é um ensaio comummente utilizado para determinar a atividade antioxidante. Este método foi utilizado por Lin et al. (2009) para avaliar a atividade antioxidante de 42 tipos de óleos essenciais, incluindo o óleo essencial de canela, que mostrou a mais forte atividade de eliminação de radicais livres DPPH (91,4 ± 0,002%) entre os óleos essenciais testados. Além disso, esta forte atividade antioxidante do óleo essencial de canela foi confirmada através do ensaio de fotoquimioluminescência, que mede a capacidade antioxidante de substâncias lipossolúveis; a capacidade registada foi de 133,9 ± 0,26 μmol trolox/g. No entanto, o antioxidante sintético BHA mostrou uma atividade antioxidante mais forte do que o óleo essencial de canela.

Wang et al. (2010) aplicaram três ensaios in vitro diferentes, incluindo a capacidade de eliminação do radical catião 2,2'-azinobis (ácido 3-etilbenzotiazolina-6-sulfónico) (ABTS+), a atividade quelante de metais e o poder redutor para testar a atividade antioxidante de 45 óleos essenciais, incluindo o óleo essencial de canela. No ensaio ABTS+, o óleo essencial de canela mostrou a atividade antioxidante mais forte a uma concentração de 1 mg/ml (96,45 ± 0,01%). Foram observados resultados semelhantes no ensaio de determinação do poder redutor; o óleo essencial de canela apresentou o melhor poder redutor entre todos os óleos essenciais testados a uma concentração de 10 mg/ml (119,42 ± 0,68% de poder redutor em relação ao BHA). No entanto, o óleo essencial de canela apresentou um dos resultados mais fracos no ensaio de atividade quelante de metais, com 4,63 ± 0,07%. Foi também determinado que o eugenol, o principal composto do óleo essencial de canela utilizado neste estudo, possuía uma atividade antioxidante mais elevada do que o próprio óleo essencial.

Outro método para avaliar a atividade antioxidante dos óleos essenciais baseia-se na inibição da autoxidação do aldeído em ácido carboxílico ou hexanóico na presença de compostos que exibem atividade antioxidante. A inibição da oxidação do 2-hexenal pelo óleo essencial de canela foi estudada por Misharina et al. (2009), que registaram uma inibição de 66 e 78% a concentrações de 3,33 e 16,5 µl/ml, respetivamente. Esta atividade antioxidante foi atribuída aos principais compostos encontrados no óleo essencial, o cinamaldeído e o acetato de cinamilo. Além disso, a atividade antioxidante foi mais elevada do que a relatada pelos óleos essenciais de gengibre, noz-moscada, louro, manjerona e funcho.

Antifúngico:

A forte atividade antifúngica dos produtos naturais que contêm compostos fenólicos, como o linalol, o eugenol, o mentol, o cinamaldeído, o timol e o carvarcrol, bem como a utilização indevida de fungicidas tóxicos e a sua contribuição para a poluição ambiental (Lee et al., 2005), levaram ao aumento da aplicação de óleos essenciais de ervas aromáticas e especiarias na indústria alimentar como aditivos. No início, os extractos de canela foram avaliados como agente antifúngico contra *Aspergillus flavus* por Lopez-Malo et al. (2007). Xing et al. (2010) avaliaram a atividade antifúngica in vitro e in vivo do óleo essencial de canela contra *Rhizopus nigricans, A. flavus* e *Penicillum expansum.* A concentração inibitória mínima do óleo essencial de canela contra os fungos testados foi de 0,64, 0,16 e 0,16% (v/v) para *R. nigricans, A. flavus* e *P. expansum,* respetivamente. Uma vez que o cinamaldeído foi o principal composto detectado no óleo essencial de canela utilizado nesta experiência (76,34%), os autores atribuem a forte atividade antifúngica do óleo essencial principalmente a este composto.

Relativamente a experiências in vivo, o óleo essencial de canela foi testado para controlar a deterioração pós-colheita de dois tipos de frutos (jujuba ling Wu long e laranja sans sugar) causada pelos mesmos fungos. Concentrações de 0,10, 0,25, 0,50, 1,0, 2,0, e 3,0% de óleo essencial foram diretamente inoculadas nas feridas dos frutos. As duas concentrações mais elevadas proporcionaram um controlo completo da incidência da doença causada pelos três bolores em ambos os frutos testados; além disso, uma concentração de 1,0% controlou com sucesso a incidência da doença causada por *A. flavus.* A forte atividade antifúngica atribuída ao cinamaldeído também foi relatada por outros investigadores. Lee et al. (2005) compararam os constituintes químicos de óleos essenciais de várias proveniências geográficas de *C. osmophleum* e investigaram as suas actividades antifúngicas contra alguns fungos patogénicos de árvores; o óleo essencial do tipo cinamaldeído numa dosagem de 100 μg/ml mostrou um efeito inibidor contra o patogénio de plântulas *Rhizoctonia solani* de 85.7%, 100,0% contra os agentes patogénicos das raízes *Ganoderma australe* e *Fusarium solani* e 85,8% contra o agente patogénico das folhas *Collectotrichum gloeosporioides.*

Um estudo semelhante foi realizado por Cheng et al. (2006) que testaram a atividade antifúngica dos óleos essenciais de *C. osmophleum* de nove proveniências diferentes. Os resultados também mostraram que o tipo cinamaldeído e o tipo cinamaldeído/acetato de cinamilo possuíam a atividade antifúngica mais forte, inibindo completamente *Trametes versicolor*, *Lenzites betulina* e *Laetiporus sulphureus* a uma concentração de 200 iig/ml. Num estudo realizado por Manso et al. (2011), a concentração inibitória mínima (CIM) e a concentração fungicida mínima (CFM) contra *A. flavus* para o óleo essencial de canela foram determinadas utilizando um ensaio antifúngico de contacto direto e comparadas com a CIM e a CFM para o óleo essencial de orégãos. A CIM e a CFM do óleo essencial de canela (100 e 200 ppm, respetivamente) foram inferiores às 400 e 800 ppm obtidas para o óleo essencial de orégãos.

Reyes-Jurado (2013) avaliou a atividade antifúngica da fase de vapor do óleo essencial de canela contra bolores. *Aspergillus niger* foi inibido por 500, 1000 e 2000 μl de óleo essencial de canela por litro de ar em sistemas de ágar formulados em pH 3,5, 4,5 e 5,5, respetivamente. Para os mesmos valores de pH, as concentrações de 300, 800 e 1500 µl de óleo essencial de canela por litro de ar foram as concentrações inibitórias mínimas contra *P. expansum* .

Antibacteriano:

A aplicação de óleos essenciais de ervas para fins antibacterianos no domínio da ciência alimentar foi desenvolvida há muitos anos. A fuga de conteúdos celulares, tais como lípidos e proteínas, e os danos na membrana celular causados por compostos lipofílicos presentes nos óleos essenciais são alguns dos mecanismos de ação sugeridos para a sua atividade antibacteriana (Mello et al., 2012). As bactérias patogénicas são um dos problemas mais preocupantes durante a produção, manuseamento e processamento de géneros alimentícios. O efeito antibacteriano do óleo essencial de canela contra *Eschericha coli* O157:H7 e *Salmonella enterica* em sumo de morango foi testado e comparado com as actividades bactericidas do capim-limão e do manjericão por Duan e Zhao (2009).

Foram testadas quatro concentrações de óleos essenciais: 0, 1, 3, 5 e 10 µl/ml de sumo. Entre os três óleos essenciais testados, o óleo essencial de canela mostrou a melhor atividade bactericida, inactivando o crescimento de ambas as bactérias com a concentração mais baixa utilizada (1 µl/ml) no teste in vitro. Por outro lado, os testes da atividade antimicrobiana do óleo essencial de canela em sumo de morango mostraram que a taxa mais rápida de inativação de *E.* coli O157:H7 foi atingida com uma concentração de 0,5 µl/ml ou superior. No entanto, ao contrário do que foi relatado por outros investigadores, neste estudo a atividade antimicrobiana do óleo essencial de canela foi atribuída ao eugenol, o principal componente detectado. A atividade antibacteriana do óleo essencial de canela foi testada por Gende et al. (2008), que determinaram a sua CIM e a concentração bactericida mínima (CBM) contra três estirpes diferentes de *Paenibacillus larvae.* O valor mais baixo da CIM do óleo essencial de canela, 25-50 mg/l, foi obtido para a estirpe Chapadmalal, seguido de 50 mg/l para a estirpe Mechongue e 50-100 mg/l para a estirpe Cobo. No que diz respeito ao CBM, o valor mais baixo foi de 125-150 mg/l, registado para a estirpe Chapadmalal, seguido de 150-200 mg/l registado para as outras duas estirpes.

A presença do cinamaldeído como o composto mais abundante no óleo essencial de canela e como o seu principal composto bactericida foi também relatada por

Bouhdid et al. (2010), que concluíram que os mecanismos de ação do óleo essencial de canela contra *Staphylococcus aureus* eram a fuga do ião potássio intracelular das células da bactéria e uma redução considerável da atividade metabólica e da sua capacidade de replicação.

Mello et al. (2012) testaram a CIM e a CBM do óleo essencial de canela contra seis bactérias patogénicas selecionadas relacionadas com alimentos. *Yersinia enterocolitica* resultou ser a bactéria mais sensível na presença do óleo essencial de canela com valores de CIM e CBM de 0,075 e 1,25 mg/ml, respetivamente, seguida por *Listeria monocytogenes* e *Bacillus cereus* que apresentaram os mesmos valores de CIM e CBM (2,5 e 5,0 mg/ml, respetivamente). Finalmente, os valores mais elevados de CIM e CBM foram obtidos para *St. aureus*, *E. coli* e *Salmonella* typhimurium: 5,0 e 10,0 mg/ml, respetivamente.A atividade antibacteriana do óleo essencial de canela deveu-se à presença de compostos oxigenados como o linalol, 1,8-cineol, neral e geranial.

Embalagem:

Como foi mencionado na presente revisão, o óleo essencial de canela possui uma forte atividade antimicrobiana contra bactérias e fungos. Esta caraterística torna o óleo essencial ideal para ser utilizado como aditivo na indústria alimentar de diferentes formas, como nos processos de embalagem. De acordo com Hosseini et al. (2009), a embalagem ativa é um dos conceitos inovadores de embalagem de alimentos que foi introduzido como resposta às mudanças contínuas nas actuais exigências dos consumidores e nas tendências do mercado; os filmes e revestimentos comestíveis são utilizados com alimentos para evitar a permeação de humidade, limitar o transporte de gás, retardar as migrações de gordura e óleo, reter compostos aromatizados voláteis e melhorar o manuseamento mecânico dos alimentos.

Hosseini et al. (2009) avaliaram a influência da adição de óleos essenciais de canela, tomilho e cravinho a uma película à base de quitosano nas suas propriedades físicas, mecânicas e antimicrobianas contra estirpes Gram-positivas *(L. monocytogenes* e *St. aureus)* e Gram-negativas *(Salmonella* enteritidis e *Pseudomonas aureaginosa).* As zonas de inibição produzidas pelo óleo essencial de canela foram mais baixas do que as produzidas pelos óleos essenciais de cravo e tomilho em todas as concentrações testadas.

O fraco efeito antimicrobiano das interações químicas entre os grupos funcionais do quitosano e o ácido oxálico presente no óleo essencial de canela. No entanto, a adição de óleo essencial de canela melhorou as propriedades físicas da película à base de quitosano, reduzindo o seu teor de humidade, a taxa de transmissão de vapor de água e a sua solubilidade em água em relação às películas adicionadas com óleos essenciais de cravo e tomilho em todas as concentrações testadas. Para além disso, a incorporação do óleo essencial de canela nas películas de quitosano aumentou a sua resistência à tração. Por conseguinte, propõe-se a utilização de óleos essenciais de canela em películas para o revestimento de alimentos altamente perecíveis, tais como peixe e aves.

Com o objetivo de tirar partido das propriedades antimicrobianas do óleo essencial de canela, Du et al. (2009) desenvolveram uma película comestível de maçã, cujas propriedades sensoriais, como o sabor e o aroma, melhor se adequam ao óleo essencial de canela. Os ensaios in vitro demonstraram que as películas adicionadas de óleo essencial de canela inibiram o crescimento de bactérias patogénicas, pela seguinte ordem: *E.coli* O157:H7, *L. monocytogenes* e *Sa. enterica,* tanto pelo método de contacto direto como pelo método de difusão em fase de vapor. No que diz respeito às propriedades mecânicas das películas comestíveis de maçã, a adição de óleo essencial de canela não afectou a sua taxa de transmissão de vapor de água; no entanto, a resistência à tração das películas foi ligeiramente reduzida pela adição do óleo essencial. Ghasem e Rezaei (2011) testaram um revestimento de gelatina enriquecido com óleo essencial de canela para manter a frescura da truta arco-íris. Os filetes de peixe foram imersos em soluções de gelatina com óleo essencial de canela em concentrações de 1,0, 1,5 e 2,0% v/v. Verificou-se que, após 15 dias de armazenamento sob refrigeração, a adição de 1,5 e 2,0% de óleo essencial de canela manteve a contagem total de bactérias aeróbias viáveis abaixo de 7 log UFC/g, o limite proposto pela Comissão Internacional de Especificações Microbiológicas para Alimentos.Além disso, a adição de óleo essencial de canela ao revestimento de gelatina diminuiu a oxidação lipídica do peixe durante o armazenamento, medida por meio do índice de substâncias reativas ao ácido tiobarbitúrico (TBARS). O valor de TBARS registado foi muito inferior aos limites estabelecidos (1-2 mg de malonaldeído/kg de amostra de peixe). Além disso, após a avaliação sensorial, os filetes de peixe revestidos com gelatina e óleo essencial de canela foram considerados aceitáveis para consumo alimentar, ao contrário das amostras sem óleo essencial de canela. A eficácia da embalagem de óleo essencial de canela de cascas e folhas, juntamente com a utilização de atmosferas modificadas e polietileno de baixa densidade no controlo de doenças pós-colheita de bananas *(Musa,* AAB), foi testada por Ranasinghe et al. (2005); os resultados mostraram que as bananas maduras colhidas na fase verde podiam ser armazenadas durante 21 dias a 14 °C, com uma humidade relativa de 90%, e 28 dias a 28 °C com a mesma humidade relativa. As amostras não desenvolveram uma doença pós-colheita causada por fungos patogénicos e o amadurecimento foi retardado devido à atmosfera modificada criada no interior das embalagens. Além disso, os óleos essenciais não afectaram a firmeza das amostras, o pH, os ácidos tituláveis, os hidratos de carbono ou o teor de açúcares redutores. Além disso, a adição de óleos essenciais não teve efeito sobre os atributos sensoriais das bananas após 21 dias de armazenamento.

✓ **Óleo essencial de alho**

✓ Origem do óleo essencial de alho

O alho (Allium sativum) tem um bolbo agrupado, constituído por vários bolbilhos (cravos) envoltos numa túnica de papel. Tem um único caule com folhas longas e finas e uma umbela de flores comestíveis, algumas das quais são substituídas por bolbos estéreis. As espécies de Allium formam um dos grupos de aromas mais populares e amplamente utilizados. Todos os Alliums contêm ferro e vitaminas e são ligeiramente antibióticos.

✓ Extração

O óleo essencial de alho é extraído dos seus bolbos, que são constituídos por 6-12 cunhas, dispostas circularmente à volta da base central do caule, por destilação a vapor.

✓ Composição química

Os principais componentes dos óleos essenciais de alho são : Allin, ajoene, vinil dithins e vários sulfuretos de alilo.

✓ Utilização como conservante (propriedade antimicrobiana)

Foi demonstrado que o óleo de alho tem uma forte ação antimicrobiana, pelo que é utilizado nos alimentos como conservante. A alicina e os seus derivados demonstraram ser um larvicida e bacteriostático, ativo contra organismos gram positivos e gram negativos, bem como fungos como a *Candida albicans.*

O alho é um componente de sabor numa grande variedade de pratos, mas principalmente em carnes, legumes, guisados, sopas, saladas, molhos, pratos de tomate, esparguete, molhos, pickles e salsichas. O pão aromatizado com manteiga e bu é muito apreciado (Yoshida et al., 1987).

Os óleos essenciais de alho e cebola e os seus sulfuretos constituintes com três ou mais átomos de enxofre foram inibidores potentes do crescimento de leveduras. As concentrações inibitórias mínimas de óleo de alho, óleo de cebola, trissulfureto de dialilo, tetrassulfureto de dialilo e trissulfureto de dimetilo para todas as leveduras testadas variaram entre 2 e 45 ppm. Os óleos e os seus sulfuretos constituintes, contudo, foram apenas muito fracamente antibacterianos, mostrando concentrações inibitórias mínimas superiores a 300 ppm para a maioria das bactérias testadas. A atividade anti-levedura do óleo de alho e do óleo de cebola foi estável no armazenamento e não foi influenciada pelo pH. A formação de película no molho de soja por Zygosaccharomyces rouxii SSI foi completamente evitada durante 30 dias pela adição de 30 e 40 ppm de óleo de alho e óleo de cebola, respetivamente (Katusui et al., 1983).

✓ Propriedades medicinais e terapêuticas

O uso interno de alho pode inibir o crescimento de organismos de levedura e aumentar a resistência a infecções por levedura. O alho exerce uma atividade antibacteriana, antiviral e antifúngica/anti-fermento. O alho inibe o crescimento da *Candida albicans,* o organismo mais responsável pelas infecções intestinais, vaginais e orais por leveduras. O alho também apresenta benefícios a longo prazo no tratamento de infecções recorrentes por leveduras.

As propriedades terapêuticas incluem Antibacteriano, Antifúngico, Antioxidante, Antiparasitário, Antiprotozoário, Antiespasmódico, Antitumoral, Afrodisíaco, Carminativo, Diaforético, Diurético, Expetorante, Hipoglicémico, Hipotensivo, Estimulante imunitário, Vasodilatador e Tónico (Wilkins et al., 1989).

✓ Utilização e aplicações na ciência alimentar

As propriedades do GO têm atraído a atenção da indústria alimentar, principalmente como aromatizante, no entanto, estão a ser propostas várias utilizações alternativas como agente antimicrobiano e antioxidante para utilizar o GO como agente conservante. Os compostos orgânicos que contêm enxofre encontram-se habitualmente no GO; demonstraram atividade antimicrobiana contra uma grande variedade de microrganismos. Os compostos organossulfurados do alho, tais como o mono, di e trissulfureto de dialilo, têm demonstrado ter atividade antimicrobiana contra fungos e bactérias (Chung et al., 2007). Por exemplo, o sulfureto de dialilo e o trissulfureto de dimetilo são constituintes voláteis do óleo de alho que demonstraram ter atividade antimicrobiana contra *Enterobacter aerogenes, Escherichia coli, Salmonella* sp., *Listeria monocytogenes* e *Yersinia enterocolitica, e* são percepcionados como odores a enxofre de cebola, alho e/ou couve (Benkeblia, 2004). Para conceber uma adição sensorialmente aceitável de GO aos sistemas alimentares, uma relação comum de perfis de sabor normalmente utilizados nos temperos e aromas globais misturas poderia ser útil para apoiar uma determinada combinação de sabores e odores (Rozin e Rozin, 1981).

Neste contexto, as notas aromáticas de um determinado alimento e o GO podem ser combinados. A ideia de adicionar um sabor extra ao produto tratado com GO pode ser entendida dentro da filosofia do tempero (Rozin e Rozin, 1981). A arte tradicional de temperar os alimentos consiste geralmente na adição de ervas frescas e os odores pungentes das ervas e especiarias, como o alho, podem ser considerados para este fim. Entre os diferentes OEs estudados, muita investigação tem-se centrado no óleo extraído do alho, que possui as notas de aroma e odor da sua planta de origem (Ayala-Zavala et al., 2008a). Em alguns pratos tradicionais chineses, egípcios, mediterrânicos e mexicanos, o sabor do alho fornece tempero em molhos para saladas, vinagretes e molhos, carne de porco, carne de vaca, camarão, entre outros alimentos, proporcionando um sabor e cheiro especiais aos pratos (Sherman e Billing, 1999). Foi demonstrado que misturas de GO com óleos de cebola e gengibre (GOG) incorporados em diferentes proporções no quitosano afectam de diferentes formas a aceitabilidade sensorial da carne de porco estufada (Cao et al., 2013). O tratamento com quitosano (0,5%) + GOG (5%) teve um efeito positivo, aumentando a aceitabilidade sensorial, enquanto a elevada concentração da solução composta teve um efeito adverso nos odores e na aceitação global.

Uma caraterística importante dos compostos voláteis de GO é a sua reatividade e volatilidade, dadas pelas suas cadeias de carbono curtas e átomos de enxofre (Chung et al., 2007). A reatividade dos compostos GO está relacionada com a sua atividade antimicrobiana; no entanto, este atributo pode dificultar o controlo do alvo da reação. Os átomos de enxofre dos voláteis de GO podem interagir com outros átomos electronegativos presentes nas proteínas, formando pontes de enxofre e afectando a funcionalidade das biomoléculas (Vermeiren et al., 2002). Isto significa que, num sistema alimentar, a reação dos voláteis de GO com a matriz alimentar e a embalagem pode esgotar o poder dos voláteis quando ocorre o crescimento microbiano (Vermeiren et al., 2002).

Outra limitação a ultrapassar é a fraca solubilidade aquosa que restringe a aplicação do GO na indústria. A formação de óleo de alho encapsulado num complexo de inclusão de 0-ciclodextrina foi demonstrada por diferentes estudos. Foram desenvolvidas microemulsões de GO para resolver este problema (Zheng et al., 2013). Foram preparadas microemulsões com rícino hidrogenado etoxilado (Cremophor RH40) como tensioativo, *n-butanol* (ou etanol) como co-surfactante, óleo de alho contendo ácido oleico como fase oleosa e água ultrapura como fase aquosa. A solução de microemulsão preparada exibe uma atividade antibacteriana notável contra *Staphylococcus aureus.* O GO exibiu uma atividade inibidora marcada sobre *S. aureus* e *Salmonella enteritidis*, e três fungos, *Aspergillus niger, Penicillium cyclopium,* e *Fusarium oxysporum* (Harris et al., 2001).

Um estudo anterior relatou que os compostos voláteis naturais, incluindo o óleo da árvore do chá e o GO, entre outros tratamentos, inibem o crescimento de microrganismos mesófilos aeróbicos de tomate fresco cortado em comparação com amostras de controlo (Ayala-Zavala et al., 2008b). De facto, os tomates cortados frescos tratados com óleo da árvore do chá mostraram uma contagem notavelmente baixa de placas aeróbias durante o armazenamento a 5 °C. O crescimento de bactérias coliformes totais foi inibido em maior medida em tomates frescos tratados com GO seguido de óleo da árvore do chá, entre outros tratamentos, quando comparados com tomates frescos cortados de controlo (Ayala-Zavala et al., 2008b). No entanto, não foi avaliado o efeito destes tratamentos na aceitabilidade sensorial dos produtos tratados. A aceitabilidade do odor, expressa em gostar/não gostar do tomate fresco cortado tratado com GO livre e encapsulado, foi avaliada nos dias 7 e 14 de armazenamento a 5°C, respetivamente (Ayala-Zavala e Gonzalez-Aguilar, 2010). A maior redução da aceitabilidade foi observada em tomates frescos cortados com 100 e 200 tig de GO livre por 100 g de tomates frescos cortados. Apenas o controlo e os tomates tratados com 50 µg/100 g de GO livre permaneceram aceitáveis ao 7º dia de armazenamento. Embora a concentração mais baixa de GO livre apresentasse a maior aceitabilidade, não conseguiu uma redução significativa dos microrganismos. Por outro lado, os tomates frescos tratados com as concentrações antimicrobianas mais eficazes de GO livre (200 e 100 µg/100 g) não foram aceitáveis para os membros do painel. De facto, os membros do painel não encontraram diferenças de aceitabilidade do odor entre os controlos e os produtos tratados com cápsulas de GO, no 14º dia de armazenamento (Ayala-Zavala e Gonzalez-Aguilar, 2010). É importante salientar que a aceitabilidade no 14º dia não atingiu a linha acima do não gosto. Os principais comentários dos membros do painel foram que o produto tratado apresentava um ligeiro odor a alho, e alguns propuseram que poderia ser utilizado sem problemas numa mistura para salada. Assim, o tratamento com cápsulas GO com 1 g/100 g de tomate fresco foi aceite pelos participantes do painel e, além disso, ofereceu um bom efeito antimicrobiano

.

Conforme revisto, a utilização adequada ou compatível do GO com as matrizes alimentares implicaria a sua aplicação para acrescentar caraterísticas sensoriais positivas e melhorar a segurança e/ou a qualidade dos alimentos tratados. Como se observou, o GO provou ser um antimicrobiano eficaz; no entanto, os seus constituintes voláteis aromáticos podem ser absorvidos e as suas caraterísticas sensoriais acrescentadas ao produto alimentar tratado. A informação analisada indicou que as potenciais utilizações do GO na indústria alimentar vão para além das suas propriedades aromatizantes. Como pode ser observado nestes exemplos, vários alimentos são consumidos com notas aromáticas também encontradas nos GOs. Portanto, outras formas de aplicação em outras matrizes alimentares poderiam ser implementadas e realizadas com objetivos semelhantes, aumentando seu uso como aditivos naturais e/ou conservantes. As suas potentes propriedades antimicrobianas, a sua eficácia na inibição de enzimas deteriorativas e a sua eficácia na redução da oxidação lipídica devem ser contempladas; no entanto, o forte impacto do seu sabor deve ser considerado. Vários estudos indicaram os benefícios da utilização de sistemas de encapsulamento para a aplicação deste óleo em sistemas alimentares, o que poderia ser útil para melhorar a sua utilização na indústria alimentar.

- **Óleo essencial de mostarda**

✓ Origem do óleo essencial de mostarda

A mostarda é uma planta anual com um caule muito ramificado e folhas lobadas em forma de lira, com 16 cm de comprimento. As flores amarelas brilhantes são produzidas durante todo o verão, seguidas de pequenas vagens erectas, de 4 ângulos, com sementes castanhas escuras. Na medicina herbácea, as sementes são utilizadas para ajudar a digestão, para promover o apetite e para constipações, calafrios, tosse, frieiras, reumatismo, artrite, lumbago, dores e dores. O óleo extraído das sementes de mostarda é utilizado como óleo alimentar no subcontinente indiano. Os óleos essenciais têm propriedades medicinais e de conservação dos alimentos.

✓ Extração

O óleo de mostarda é extraído das sementes de mostarda preta, que foram maceradas em água quente por destilação a vapor ou a água. Embora as sementes de mostarda e o pó não contenham isotiocianato de alilo, este é formado quando as sementes entram em contacto com a água e o óleo essencial é formado quando um glicosídeo se decompõe devido à ação enzimática. O óleo essencial não está presente nas sementes frescas nem no pó, , pelo que as preparações à base de sementes e pó não contêm isotiocianato de alilo (68,69).

✓ Composição química

O principal componente químico do óleo de mostarda é: pelo menos 92% de isotiocianato de alilo.

✓ Utilização como conservante

É muito utilizado como condimento para vários alimentos, nomeadamente carnes frias, enchidos e molhos para saladas. É também utilizado como ingrediente em molhos e pickles.

✓ Propriedades medicinais e terapêuticas

É um estimulante e é utilizado para aliviar problemas respiratórios e reumatismo. Estimula os rins e é também administrada como laxante e emético. Também é útil no alívio de dores de garganta, bronquite, dores musculares e dores (66, 67).

- Tomilho e timol

O tomilho pode ser encontrado em todo o mundo, sendo a espécie mais comum o *Thymus vulgaris.* As concentrações de timol (5-metil-2-[1-metiletil] fenol) podem variar dependendo da fase de crescimento em que a planta se encontra quando é colhida, bem como do método utilizado para a extração (destilação a vapor ou extração com fluido supercrítico), mas pode esperar-se que se situe entre 30-50% v/v do óleo total (Kunicka-Styzynska 2011; Peter 2001). O timol também pode ser encontrado em concentrações elevadas no óleo essencial de orégãos. Embora o óleo de tomilho seja um antimicrobiano eficaz por si só, também se mostra promissor como adjuvante de tratamentos térmicos. Num estudo que utilizou *Candida lipolytica, Debaryomyces hansenii, Hansenula anomala, Kloeckera apiculata, Lodderomyces elongisporus, Rhodotorula rubra, S.cerevisiae* e *Torulopsis glabrata,* as células que foram aquecidas a 44-54°C (dependendo da sensibilidade relativa ao calor de cada espécie), mostraram uma maior mortalidade celular quando expostas ao óleo de tomilho (Conner e Beuchat 1984b). A eficácia do óleo de tomilho, quando utilizado isoladamente, é demonstrada num estudo em que concentrações de óleo de tomilho tão baixas como 100 pg/ml abrandaram a produção de etanol por *Saccharomyces cerevisiae* e *Hansenula anomala* quando testadas em meios líquidos (Conner e Beuchat 1984a).

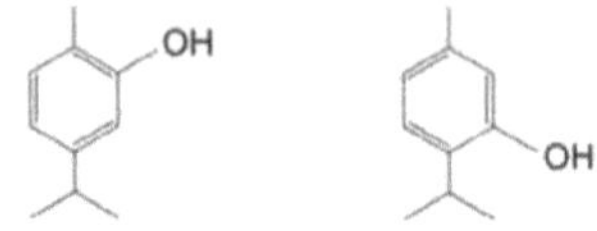

Figura 4.2: Estrutura química de (4.2.1) carvacrol, peso molecular 150,217 Da e (4.2.2) timol, peso molecular 150,22 Da (Burt 2004).

Os mecanismos de inativação celular pelo timol foram estudados na levedura de padaria comum, *Saccharomyces cerevisiae*, utilizando métodos de microscopia e moleculares. Imagens de microscópio eletrónico de varrimento obtidas de células de *S. cerevisiae* expostas a uma concentração de 270 mg/l de timol revelaram danos graves na superfície. O mesmo estudo mostrou que, quando as células foram expostas a concentrações de 450 mg/l de timol, foi observada uma mortalidade celular total quando a absorvância foi medida a 260 nm (Bennis e outros 2004). Quando foram realizados estudos de microarray em *S. cerevisiae* expostas ao timol, verificou-se que o timol afectava a expressão de uma grande variedade de genes. A análise de microarray neste estudo mostrou que 517 genes foram regulados diferencialmente quando expostos ao timol. Um gene regulado positivamente indicou que a exposição ao timol fez com que as células de levedura se comportassem como se fossem cultivadas em condições de baixo teor de ferro (Bi e outros 2010).

- Carvacrol

O carvacrol (2-metil-5-[1-metiletil] fenol) é um composto fenólico que é um dos principais constituintes do óleo de tomilho e de orégãos. O carvacrol pode representar entre 30 a 50% do óleo de tomilho e 40-50% do óleo de orégãos, dependendo do tempo de colheita e dos métodos de extração (Peter 2001). O carvacrol é semelhante em estrutura ao timol, sendo a única diferença a localização de um grupo hidroxilo.

A atividade antimicrobiana do carvacrol tem sido amplamente estudada contra bactérias. A sua eficácia contra os agentes patogénicos de origem alimentar *Salmonella* Typhimurium, *Staphylococcus aureus, Pseudomonas aeruginosa e E.*

coli foi bem documentada (Davidson e outros 2005). No entanto, tem sido menos estudado contra leveduras de deterioração. Num estudo realizado recentemente com *Zygosaccharomyces lentus,* verificou-se que o carvacrol era cida a 225 mg/l num tampão de pH neutro (Roller e Kisko 2012).

Embora a lesão subletal e a subsequente recuperação das bactérias tenham sido reconhecidas há várias décadas, só nas últimas décadas é que os microbiologistas alimentares reconheceram que as leveduras e os bolores são susceptíveis à lesão quando expostos a condições ambientais adversas (Stevenson et al., 1976).As células fúngicas podem ser danificadas por uma série de condições de stress no ambiente, mas a debilitação devida à exposição a temperaturas extremas foi estudada mais extensivamente. Foi demonstrado que a lesão térmica das células resulta num aumento da sensibilidade ao pH ácido, ao cloreto de sódio e à redução da atividade da água. O óleo essencial de mostarda pode ser utilizado como um agente antimicrobiano eficaz, uma vez que foi demonstrado que o óleo essencial de mostarda afectou a integridade da membrana celular, resultando numa perda da homeostase celular. (Melanie et al., 2009)

Foi demonstrado que as células fúngicas sujeitas a stress térmico apresentam uma maior sensibilidade a níveis baixos de produtos químicos utilizados para preservar os alimentos da deterioração microbiológica e oraganoléptica.

A atividade antimicrobiana das especiarias e ervas aromáticas habitualmente utilizadas para condimentar alimentos tem sido documentada. A maioria dos estudos foi direcionada para a determinação dos efeitos de extractos aquosos de óleos essenciais de especiarias no crescimento e produção de toxinas de bactérias (Johnson et al., 1969).

A eficácia dos constituintes dos óleos essenciais melhora quando combinados com um tratamento térmico suave, o que nos permite propor doses muito baixas de antimicrobianos. Os valiosos efeitos sinérgicos observados oferecem o potencial para melhorar os tratamentos térmicos tradicionais, reduzindo a intensidade do tratamento e, consequentemente, os efeitos adversos na qualidade dos alimentos. (Abdenour et al., 2011)

O estudo aqui relatado foi concebido para determinar a resposta de células de leveduras de deterioração alimentar lesadas pelo calor a óleos essenciais de plantas utilizadas na indústria alimentar como agentes condimentares.

4.3. MÉTODO EXPERIMENTAL:

Controlo da esterilidade dos óleos essenciais de plantas (especiarias) Óleos essenciais

Os óleos essenciais de cravo-da-índia (Eugenia carophyllus), canela (Cinnamomum verum), alho (Allium sativum) e mostarda (isotiocinato de alilo) foram obtidos na R.K's Shop, Ajay industrial state, Anjirwadi, Mumbai -400010.

Método

Antes da utilização, os óleos essenciais de especiarias foram testados quanto à presença de microrganismos. Este teste de esterilidade consistiu na inoculação (cerca de 0,1 ml) de cada óleo de especiaria (puro) em ágar batata-dextrose, incubação à temperatura ambiente durante 3 a 4 dias (Meena et al., 1994).

Verificação da sensibilidade de células aquecidas (stress térmico) e não aquecidas de isolados de leveduras a várias concentrações de óleos essenciais de plantas (especiarias)

Foi demonstrado que as leveduras que são incriminadas como organismos de deterioração em alimentos com elevada acidez ou que são utilizadas para fermentar alimentos ou bebidas apresentam uma maior sensibilidade aos óleos essenciais após serem sujeitas a stress térmico. Estes óleos estão presentes nalguns alimentos a níveis que demonstraram causar efeitos letais em células danificadas pelo calor.

Meio de recuperação

Foi utilizado como meio de recuperação o ágar YMPG contendo diferentes concentrações de óleo essencial de cravo, canela, mostarda e alho. Foram testados níveis de 25, 50, 100 e 200 ppm (diluídos em etanol a 95%) de cravo, canela, mostarda e alho. Os meios de controlo consistiram em ágar YMPG ao qual não foram adicionados óleos nem etanol e em ágar YMPG suplementado com 1% de etanol, o nível mais elevado adicionado como veículo na preparação de ágar de recuperação contendo 25 a 200 ppm de óleos.

Método

Um ml da cultura foi transferido para 100 ml de tampão fosfato de potássio 0,1 M (pH 7,0) num Erlenmeyer de 250 ml ajustado a uma temperatura entre 65 °C e 85 °C, dependendo da sensibilidade relativa ao calor determinada no estudo anterior. Depois de aquecidas durante 20 minutos, as amostras foram diluídas em série em tampão fosfato 0,1 M e colocadas em meios de recuperação. As células não aquecidas das culturas de teste foram também colocadas em meios de recuperação contendo vários níveis de óleos essenciais. As colónias foram contadas após 5 dias de incubação a T.R.

4.4. RESULTADOS E DISCUSSÃO

Os extractos de muitos tipos de plantas utilizados como agentes aromatizantes e condimentares em alimentos e bebidas têm sido utilizados terapeuticamente durante séculos (Ayres et al., 1980; Charalambous G., 6). No entanto, existem poucos dados quantitativos sobre a atividade antimicrobiana da maioria dos extractos de plantas (Davidson et al., 1993; Frazier et al., 1992). A atividade antimicrobiana do alho, da cebola, da mostarda, da canela e do cravinho tem sido muito estudada desde o final do século passado, e os componentes activos destas ervas são conhecidos (Saxena et al., 1986; Zaika et al., 1988).

O óleo essencial extraído de vários tipos de plantas, quer por destilação a vapor quer por solvente orgânico volátil, tem sido utilizado como aromatizante durante anos (Thomann et al., 1993). A atividade antimicrobiana dos extractos de plantas tem sido frequentemente devida à fração de óleo essencial ou a compostos contendo enxofre na fase aquosa (Gould G., 1995; Uda Y., 1993). Estes compostos são também responsáveis pelo aroma e sabor caraterísticos das especiarias (Gould G., 1996).

Sabe-se que mais de 1340 plantas são fontes potenciais de compostos antimicrobianos, mas poucas foram estudadas cientificamente (Wilkins et al., 1989). Dezasseis óleos essenciais foram analisados quanto à sua atividade antimicrobiana contra Staphylococcus aurcus, Escherichia coli e os fungos Aspergillus niger e Candida albicans, através da técnica de difusão em ágar e da medição das suas zonas de inibição. Os óleos testados foram classificados de acordo com a sua atividade: fortemente activos (zona de inibição, >8mm), moderadamente activos (zona de inibição, >6 a 8<mm), e inactivos (sem zona de inibição, <6mm). O manjericão e a salsa foram inibidores de Staphylococcus aureus, Escherichia coli e os fungos Aspergillus niger e Candida albicans. (Ela et al., 1996; Friedman et al., 2002).

O efeito antimicrobiano de 32 óleos essenciais em 13 leveduras industriais e de deterioração alimentar também foi investigado. O óleo de orégãos foi considerado o inibidor mais eficaz contra a levedura Anis, o manjericão, o cardamomo, o aipo, o endro, o funcho, a salsa e o alecrim foram menos eficazes contra as leveduras (Conner et al., 1984).

Verificou-se que os óleos de canela, cravinho e pimenta da Jamaica produziam grandes zonas de inibição num meio inoculado com levedura, indicando que estes óleos eram letais para as células de levedura. No entanto, o óleo de cebola foi apenas ligeiramente inibidor do crescimento de leveduras (Webb et al., 1945).

Foi demonstrado que os óleos de origanum (orégãos), tomilho, segurelha e canela tinham atividade antifúngica. Também foi relatado que os óleos de coentros, sassafrás e folhas de louro (louro) eram inibidores em relação às leveduras (Maruzzella et al., 1956).

Uma investigação inicial da atividade antibacteriana in vitro de óleos voláteis demonstrou que os óleos de alho, origanum (orégãos) e segurelha não apresentavam qualquer atividade inibidora; um relatório posterior do mesmo laboratório indicou que os mesmos óleos são, de facto, antimicrobianos. Podem existir diferenças substanciais entre géneros de leveduras e entre leveduras e bactérias no que diz respeito à sensibilidade aos efeitos anti-crescimento dos óleos essenciais (Maruzzella et al., 1956, Maruzzella et al., 1960).

Em geral, as fases de atraso foram prolongadas pelo aumento das concentrações de óleo essencial, enquanto que a redução significativa das taxas de crescimento foi obtida apenas nas concentrações mais elevadas de óleo essencial. Os efeitos anti levedura dos óleos essenciais foram bons na gama de pH ácido óptima para o crescimento da levedura. (Stratford et al., 2014)

Os óleos essenciais podem ser mais eficazes contra os agentes patogénicos de origem alimentar e as bactérias de deterioração quando aplicados a alimentos prontos a utilizar que contenham um elevado nível de proteínas em pH ácido, bem como níveis mais baixos de gorduras ou hidratos de carbono. (Gutierrez et al., 2008)

Uma vez que existe pouca informação disponível na literatura para estabelecer os efeitos dos óleos essenciais no crescimento de leveduras sujeitas a stress térmico, foram testados quatro óleos essenciais, nomeadamente cravinho, canela, mostarda e alho, para determinar a resposta das células danificadas pelo calor das leveduras de deterioração alimentar aos óleos essenciais de plantas utilizadas na indústria alimentar como agentes condimentares (Conner et al.,1984;Eubank et al.,1982).

Os óleos essenciais utilizados neste projeto foram: cravinho (Eugenia carophyllus), canela (Cinnamomum verum), alho (Allium sativum) e mostarda (allyl - isothiocyanate). As experiências iniciais com os óleos essenciais de cravinho, canela, mostarda e alho consistiram em testar o efeito destes óleos essenciais na formação de colónias por células de levedura, que tinham sido submetidas a um tratamento térmico durante um período de 20 minutos, a uma temperatura suficientemente severa para reduzir a população viável em 50 - 99%.

Os resultados das experiências para determinar os efeitos dos óleos essenciais na sensibilidade de *Zygosaccharomyces rouxii, Candida didensiae, Zygosaccharomyces bailly* e *Candida albicans*, sem aquecimento e com aquecimento (stress térmico), foram apresentados graficamente.

Tabela 4. Verificação da sensibilidade de isolados de leveduras submetidas a stress térmico (aquecidas) e não aquecidas a óleos essenciais de plantas (especiarias).

Quadro 4.1 Verificação da sensibilidade do *Zygosaccharomyces rouxii* submetido a stress térmico (aquecido) e não aquecido a óleos essenciais de plantas (especiarias).

Tabela 4.1.1. Efeito de várias concentrações de óleo essencial de cravo em ágar de recuperação YMPG (pH 5,5) na formação de colónias por células não aquecidas e aquecidas (20 min. a 67^0C) Células de *Zygosaccharomyces rouxii.*

Concentração de óleo de cravo	Sem aquecimento (Cfu/ml)	Aquecido (Cfu/ml)
25ppm	60×10^5	0.60×10^5

50ppm	58 x 10^5	0.39 x 10^5
100ppm	55 x 10^5	0.3 x 10^5
200 ppm	50 x 10^5	0.02 x 10^5
Controlo	63 x 10^5	0.60 x 10^5
Controlo (com 1 % de etanol)	60 x 10^5	0.60 x 10^5

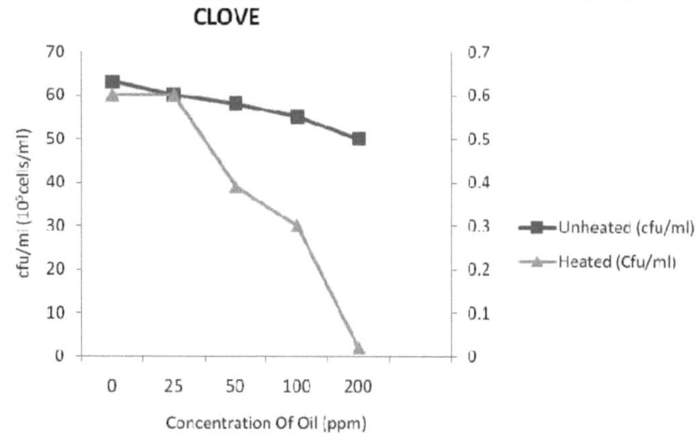

Fig 4.3.1. Efeito de várias concentrações de óleo essencial de cravo em ágar de recuperação YMPG (pH 5,5) na formação de colónias por células não aquecidas e aquecidas (20 min. a 67^{0}C) Células de Zygosaccharomyces rouxii.

Fig. 4.3 Verificação da sensibilidade do *Zygosaccharomyces rouxii* submetido a stress térmico (aquecido) e não aquecido a óleos essenciais de plantas (especiarias).

Tabela 4.1.2. Efeito de várias concentrações de óleo essencial de canela em ágar de recuperação YMPG (pH 5,5) na formação de colónias por células não aquecidas e aquecidas (20 min. a 67^{0}C) Células de *Zygosaccharomyces rouxii.*

Concentração de óleo de canela	Sem aquecimento (Cfu/ml)	Aquecido (Cfu/ml)
25ppm	60 x 10^5	0.15 x 10^5
50ppm	59 x 10^5	0.13 x 10^5
100ppm	55 x 10^5	0.11 x 10^5
200 ppm	45 x 10^5	0.02 x 10^5
Controlo	63 x 10^5	0.60 x 10^5
Controlo (com 1 % de etanol)	60 x 10^5	x 10^5

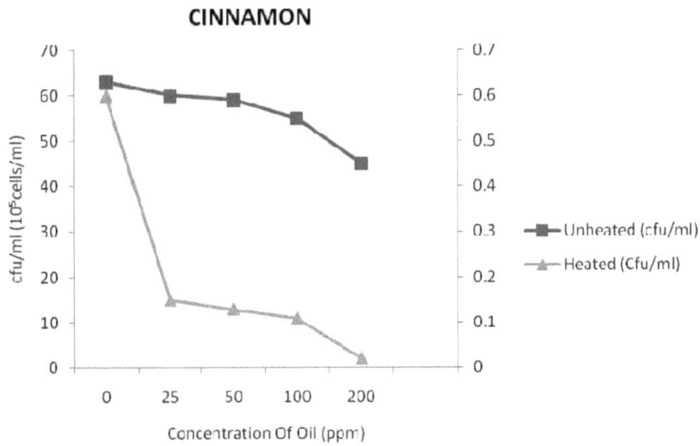

Fig 4.3.2. Efeito de várias concentrações de óleo essencial de canela em ágar de recuperação YMPG (pH 5,5) na formação de colónias por células não aquecidas e aquecidas (20 min. a 67^{0}C) Células de *Zygosaccharomyces rouxii.*

Tabela 4.1.3. Efeito de várias concentrações de óleo essencial de mostarda em ágar de recuperação YMPG (pH 5,5) na formação de colónias por células não aquecidas e aquecidas (20 min. a 67^{0}C) Células de *Zygosaccharomyces rouxii.*

Concentração de óleo de mostarda	Sem aquecimento (Cfu/ml)	Aquecido (Cfu/ml)
25ppm	60 x 10^5	0.60 x 10^5
50ppm	54 x 10^5	0.26 x 10^5
100ppm	50 x 10^5	0.24 x 10^5
200 ppm	45 x 10^5	0.18 x 10^5
Controlo	63 x 10^5	0.60 x 10^5
Controlo (com 1 % de etanol)	60 x 10^5	x 10^5

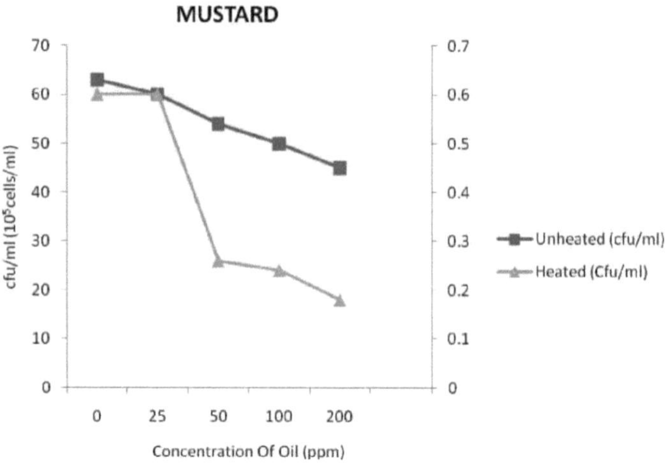

Fig 4.3.3. Efeito de várias concentrações de óleo essencial de mostarda em ágar de recuperação YMPG (pH 5,5) na formação de colónias por células não aquecidas e aquecidas (20 min. a 67^{0}C) Células de *Zygosaccharomyces rouxii.*

Tabela 4.1.4. Efeito de várias concentrações de óleo essencial de alho em ágar de recuperação YMPG (pH 5,5) na formação de colónias por células não aquecidas e aquecidas (20 min. a 67^{0}C) Células de *Zygosaccharomyces rouxii.*

Concentração de óleo de alho	Sem aquecimento (Cfu/ml)	Aquecido (Cfu/ml)
25ppm	20 x 10^5	0.09 x 10^5
50ppm	3 x 10^5	NG
100ppm	NG	NG
200 ppm	NG	NG
Controlo	63 x 10^5	0.60 x 10^5
Controlo (com 1 % de etanol)	60 x 10^5	0.60 x 10^5

*NG - sem crescimento

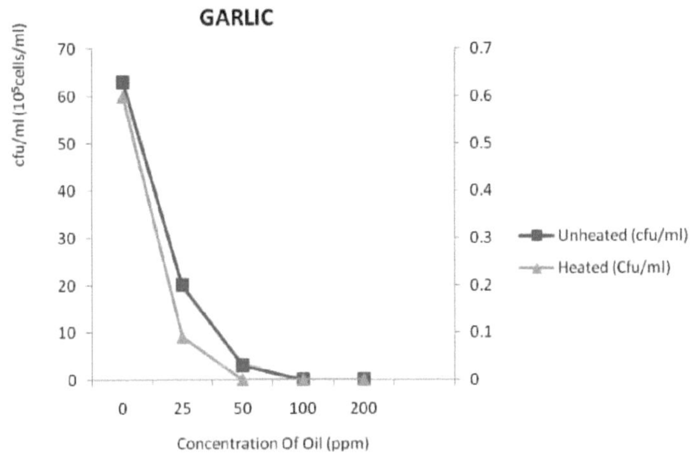

Fig 4.3.4. Efeito de várias concentrações de óleo essencial de alho em ágar de recuperação YMPG (pH 5,5) na formação de colónias por células não aquecidas e aquecidas (20 min. a 67^{0}C) Células de *Zygosaccharomyces rouxii.*

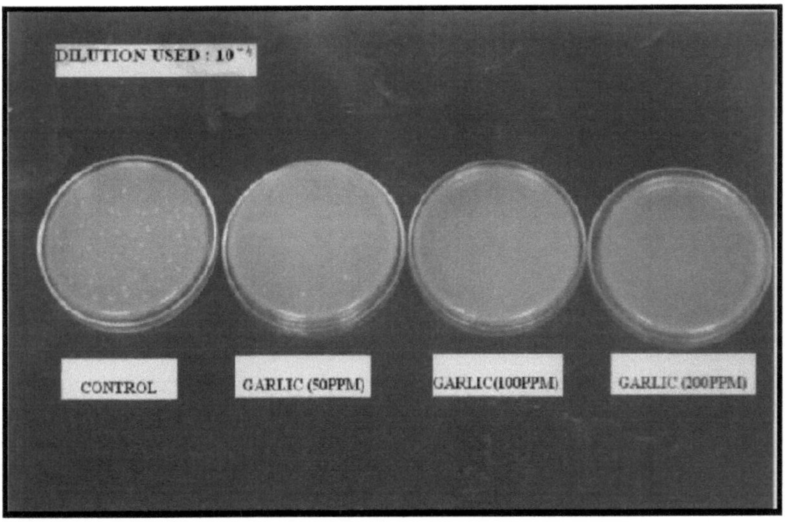

Placas 4.1.1. Efeito de várias concentrações de óleos essenciais em células não aquecidas de *Zygosaccharomyces rouxii*

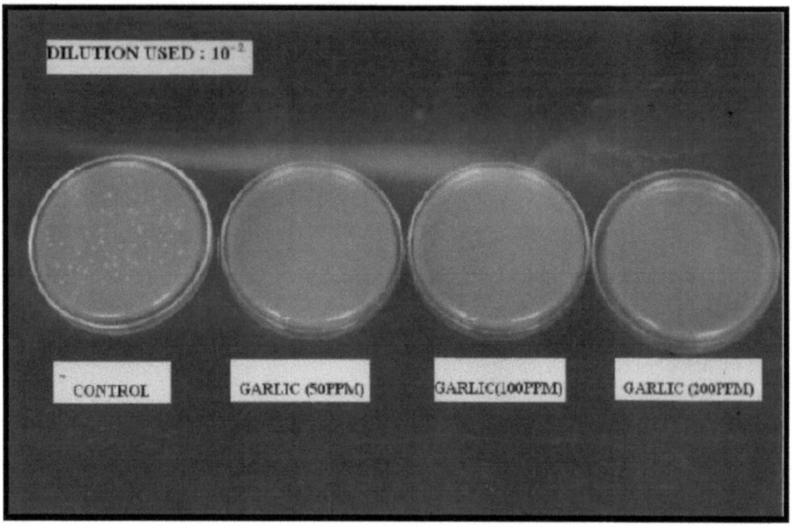

Placas 4.1.2. Efeito de várias concentrações de óleos essenciais em células aquecidas de *Zygosaccharomyces rouxii*

Placas 4.1. Efeito de várias concentrações de óleos essenciais em células não aquecidas e aquecidas de *Zygosaccharomyces rouxii.*

Tabela 4.2 Verificação da sensibilidade de *Candida didensiae.* submetida a stress térmico (aquecida) e não aquecida a óleos essenciais de plantas (especiarias).

Quadro. 4.2.1. Efeito de várias concentrações de óleo essencial de cravo em ágar de recuperação YMPG (pH 5,5) na formação de colónias por células de Candida didensiae não aquecidas e aquecidas (20 min. a 63^{0}C) Células de *Candida didensiae.*

Concentração de óleo de cravo-da-índia	Sem aquecimento (Cfu/ml)	Aquecido (Cfu/ml)
25ppm	270 x10^5	2.6 x 10^5
50ppm	270 x10^5	2.2 x 10^5
100ppm	270 x 10^5	1.2 x 10^5
200 ppm	210 x10^5	0.18 x 10^5
Controlo	280 x10^5	2.72 x 10^5
Controlo (com 1 % de etanol)	270 x10^5	' 2.7 x 10^5

CLOVE

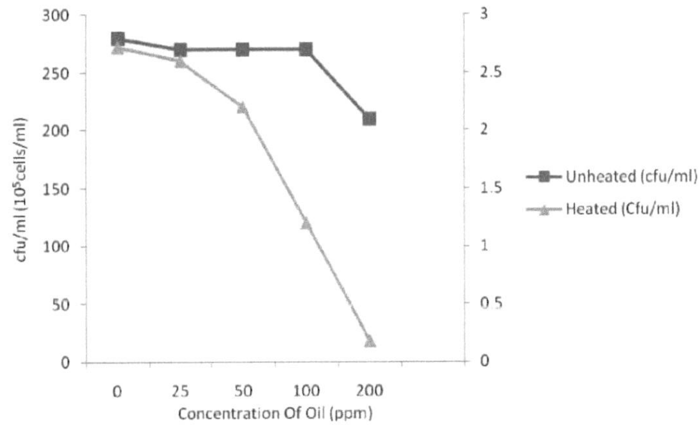

Fig. 4.4.1. Efeito de várias concentrações de óleo essencial de cravo em ágar de recuperação YMPG (pH 5,5) na formação de colónias por células de Candida didensiae não aquecidas e aquecidas (20 min. a 63^0C) Células de *Candida didensiae.*

Fig. 4.4. Verificação da sensibilidade de *Candida didensiae* submetida a stress térmico (aquecida) e não aquecida a óleos essenciais de plantas (especiarias).

Tabela. 4.2.2. Efeito de várias concentrações de óleo essencial de canela em ágar de recuperação YMPG (pH 5,5) na formação de colónias por células de Candida didensiae não aquecidas e aquecidas (20 min. a 63^0C) Células de *Candida didensiae.*

Concentração de óleo de canela	Sem aquecimento (Cfu/ml)	Aquecido (Cfu/ml)
25ppm	270×10^5	2.6×10^5
50ppm	270×10^5	2.2×10^5
100ppm	270×10^5	1.2×10^5
200 ppm	232×10^5	NG
Controlo	280×10^5	2.72×10^5
Controlo (com 1 % de etanol)	270×10^5	' 2.7×10^5

*NG - Sem crescimento

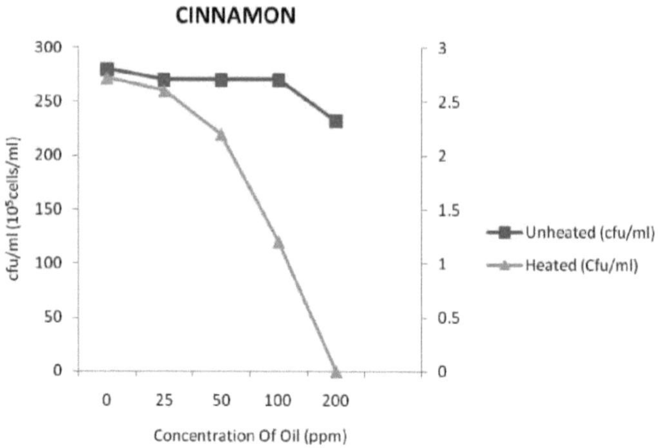

Fig. 4.4.2. Efeito de várias concentrações de óleo essencial de canela em YMPG Recovery Agar (pH 5,5) na formação de colónias por células não aquecidas e aquecidas (20 min. a 63^0C) Células de *Candida didensiae*

Tabela. 4.2.3. Efeito de várias concentrações de óleo essencial de mostarda em ágar de recuperação YMPG (pH 5,5) na formação de colónias por células de Candida didensiae não aquecidas e aquecidas (20 min. a 63^0C) Células de *Candida didensiae.*

Concentração de óleo de mostarda	Sem aquecimento (Cfu/ml)	Aquecido (Cfu/ml)
25ppm	270 x10^5	1.56 x 10^5
50ppm	270 x 10^5	1.32 x 10^5
100ppm	270 x10^5	1.14 x 10^5
200 ppm	232 x 10^5	0.48 x 10^5
Controlo	280 x10^5	2.72 x 10^5
Controlo (com 1 % de etanol)	270 x10^5	' 2.7 x 10^5

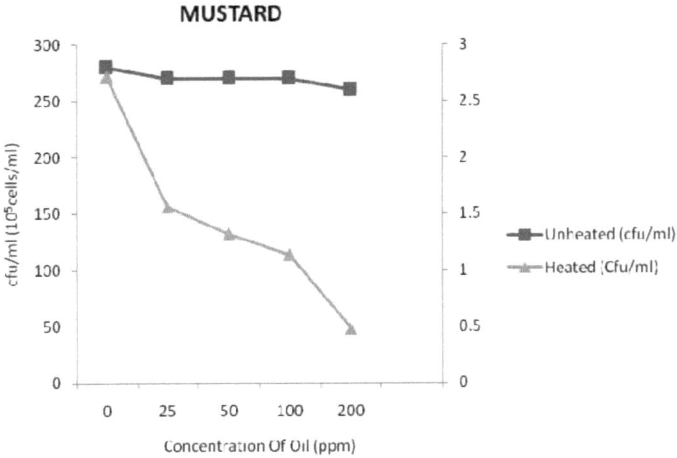

Fig. 4.4.3. Efeito de várias concentrações de óleo essencial de mostarda em YMPG Recovery Agar (pH 5,5) na formação de colónias por células de Candida didensiae não aquecidas e aquecidas (20 min. a 63^{0}C) Células de *Candida didensiae.*

Tabela. 4.2.4. Efeito de várias concentrações de óleo essencial de alho em ágar de recuperação YMPG (pH 5,5) na formação de colónias por células de Candida didensiae não aquecidas e aquecidas (20 min. a 63^{0}C) Células de *Candida didensiae.*

Concentração de óleo de alho	Sem aquecimento (Cfu/ml)	Aquecido (Cfu/ml)
25ppm	260 x10^5	1.08 x 10^5
50ppm	245 x10^5	0.6 x 10^5
100ppm	200 x10^5	NG
200 ppm	NG	NG
Controlo	280 x10^5	2.72 x 10^5
Controlo (com 1 % de etanol)	270 x10^5	2.7 x 10^5

NG - sem crescimento

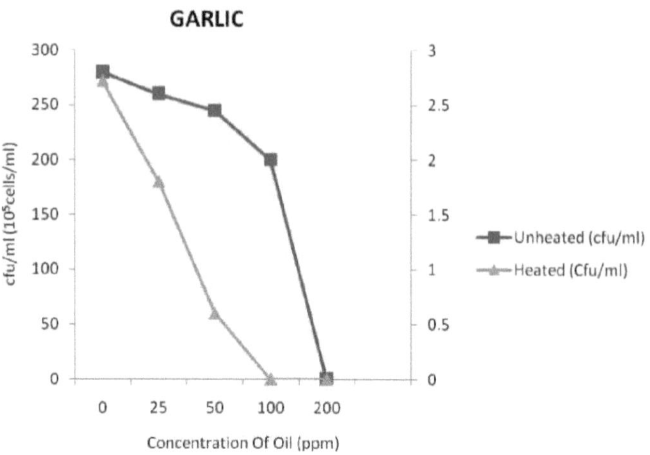

Fig. 4.4.4. Efeito de várias concentrações de óleo essencial de alho em YMPG Recovery Agar (pH 5,5) na formação de colónias por células de Candida didensiae não aquecidas e aquecidas (20 min. a 63^0C) Células de *Candida didensiae.*

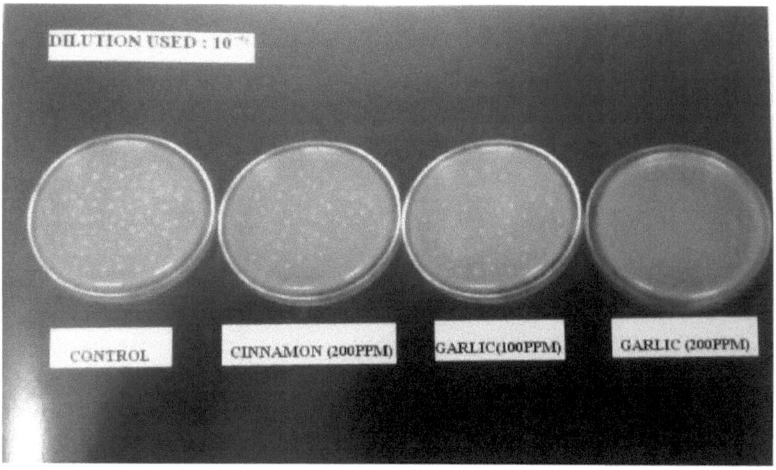

Placas 4.2.1. Efeito de várias concentrações de óleos essenciais em células não aquecidas de *Candida didensiae*

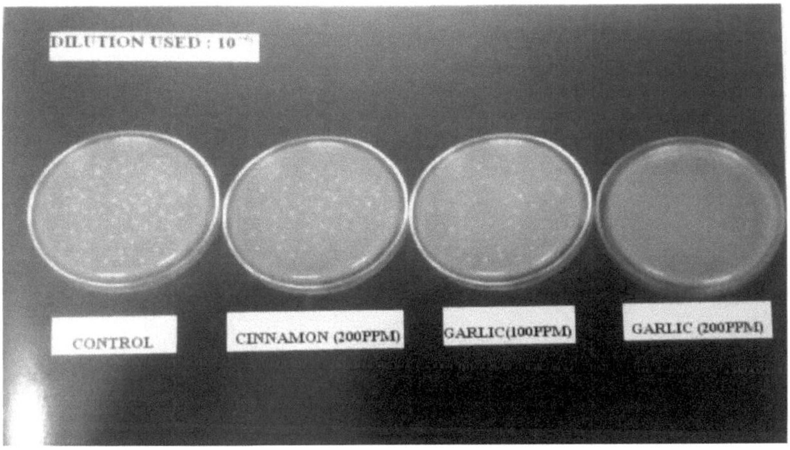

Placas 4.2.2. Efeito de várias concentrações de óleos essenciais em células aquecidas de *Candida didensiae*

Placas 4.2. Efeito de várias concentrações de óleos essenciais em células não aquecidas e aquecidas de *Candida didensiae*

Quadro 4.3 Verificação da sensibilidade de *Zygosaccharomyces bailly submetidas* a stress térmico (aquecidas) e não aquecidas a óleos essenciais de plantas (especiarias).

Tabela 4.3.1. Efeito de várias concentrações de óleo essencial de cravo-da-índia em ágar de recuperação YMPG (pH 5,5) Formação de colónias por células não aquecidas e aquecidas (20 min. a 67^{0}C) Células de *Zygosaccharomyces bailly*

Concentração de óleo de cravo-da-índia	*Sem aquecimento (Cfu/ml)*	*Aquecido (Cfu/ml)*
25ppm	$150x10^5$	1.3×10^5
50ppm	$142x10^5$	1×10^5
100ppm	140×10^5	0.7×10^5
200 ppm	125×10^5	0.25×10^5
Controlo	$162x10^5$	1.48×10^5
Controlo (com etanol a 1%)	$160x10^5$	1.5×10^5

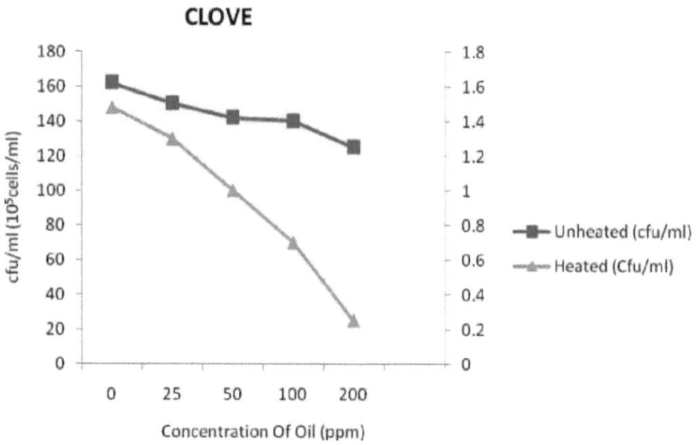

Fig. 4.5.1. Efeito de Várias Concentrações de Óleo Essencial de Cravo em Ágar de Recuperação YMPG (pH5.5) Formação de Colónias por Não Aquecido e Aquecido (20 min. a 67^{0}C) Células de *Zygosaccharomyces bailly*

Fig. 4.5. Verificação da sensibilidade de *Zygosaccharomyces bailly* sob stress térmico (aquecido) e não aquecido a óleos essenciais de plantas (especiarias).

Tabela. 4.3.2. Efeito de várias concentrações de óleo essencial de canela em ágar de recuperação YMPG (pH5,5) Formação de colónias por células não aquecidas e aquecidas (20 min. a 67^{0}C) Células de *Zygosaccharomyces bailly*

Concentração de óleo de canela	Sem aquecimento (Cfu/ml)	Aquecido (Cfu/ml)
25ppm	150x10^5	1.2 x 10^5
50ppm	150x10^5	1.02 x 10^5
100ppm	159x10^5	0.75 x 10^5
200 ppm	148 x10^5	0.23 x 10^5
Controlo	162x10^5	1.48 x 10^5
Controlo (com 1 % de etanol)	160 x10^5	i 1,5 x 10^5

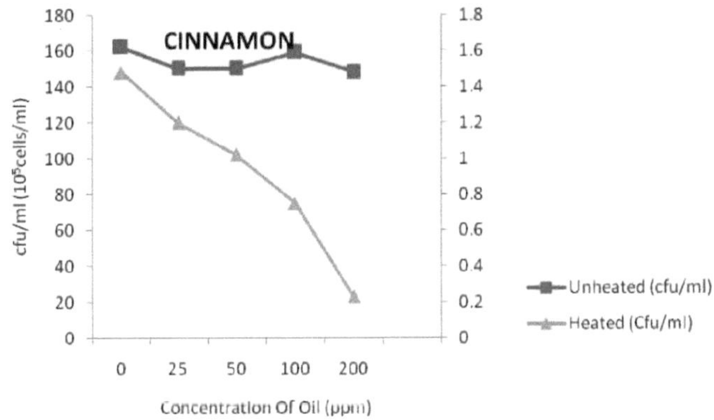

Fig.4.5.2.Efeito de várias concentrações de óleo essencial de canela em ágar de recuperação YMPG (pH5,5) Formação de colónias sem aquecimento e com aquecimento (20 min. a 67^0C) Células de *Zygosaccharomyces bailly*

Tabela.4.3.3.Efeito de várias concentrações de óleo essencial de mostarda em ágar de recuperação YMPG (pH5,5) Formação de colónias sem aquecimento e com aquecimento (20 min. a 67^0C) Células de *Zygosaccharomyces bailly*

Concentração de óleo de mostarda	Sem aquecimento (Cfu/ml)	Aquecido (Cfu/ml)
25ppm	160×10^5	1.48×10^5
50ppm	155×10^5	1.45×10^5
100ppm	147×10^5	1.2×10^5
200 ppm	141×10^5	1.15×10^5
Controlo	162×10^5	1.48×10^5
Controlo (com 1 % de etanol)	160×10^5	1.5×10^5

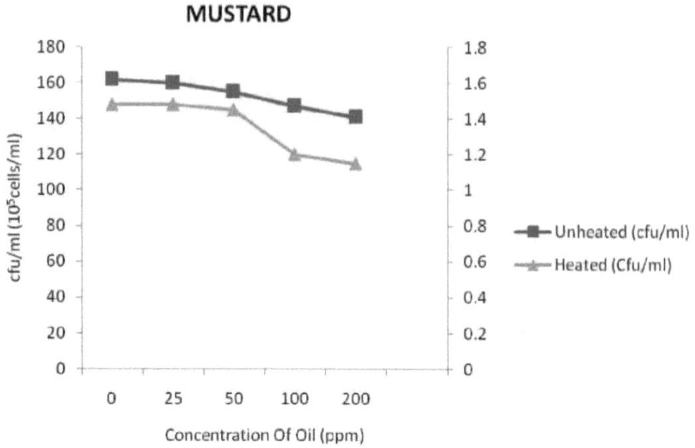

Fig.4.5.3.Efeito de várias concentrações de óleo essencial de mostarda em ágar de recuperação YMPG (pH5,5) Formação de colónias sem aquecimento e com aquecimento (20 min. a 67^{0}C) Células de *Zygosaccharomyces bailly*

Tabela.4.3.4.Efeito de várias concentrações de óleo essencial de alho em ágar de recuperação YMPG (pH5,5) Formação de colónias sem aquecimento e com aquecimento (20 min. a 67^{0}C) Células de *Zygosaccharomyces bailly*

Concentração de óleo de alho	Sem aquecimento (Cfu/ml)	Aquecido (Cfu/ml)
25ppm	115 x10^5	0.5 x 10^5
50ppm	16 x 10^5	0.05 x 10^5
100ppm	2 x 10^5	NG
200 ppm	NG	NG
Controlo	162x10^5	1.48 x 10^5
Controlo (com 1 % de etanol)	160 x10^5	1.5 x 10^5

*NG - sem crescimento

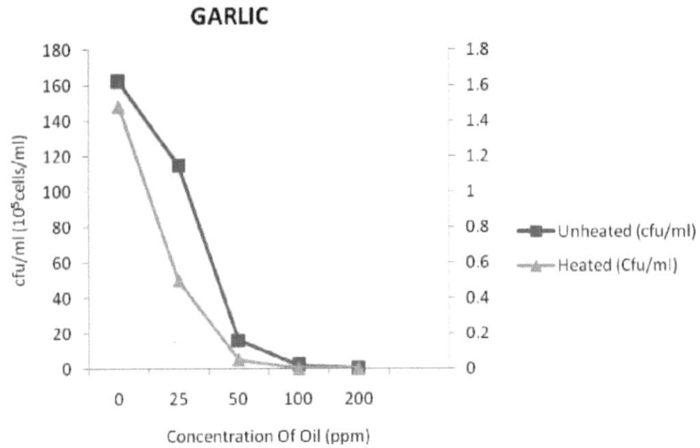

Fig.4.5.4.Efeito de várias concentrações de óleo essencial de alho em ágar de recuperação YMPG (pH5,5) Formação de colónias sem aquecimento e com aquecimento (20 min. a 67^{0}C) Células de *Zygosaccharomyces bailly*

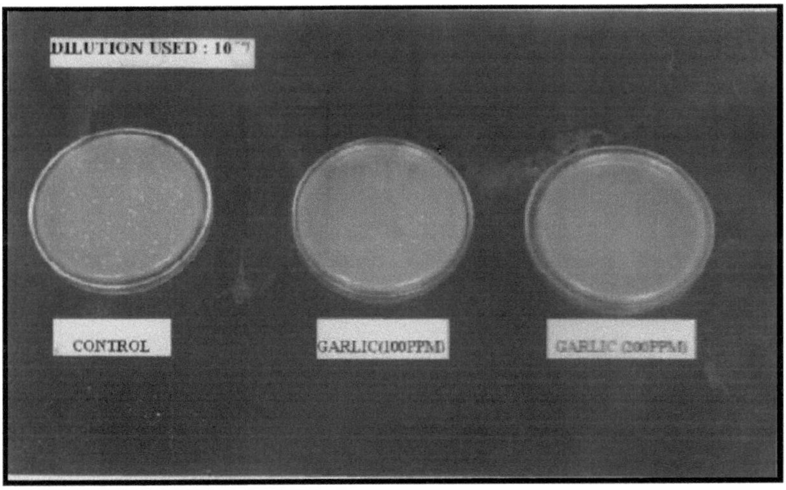

Placas 4.3.1. Efeito de várias concentrações de óleos essenciais em células não aquecidas de *Zygosaccharomyces bailly*

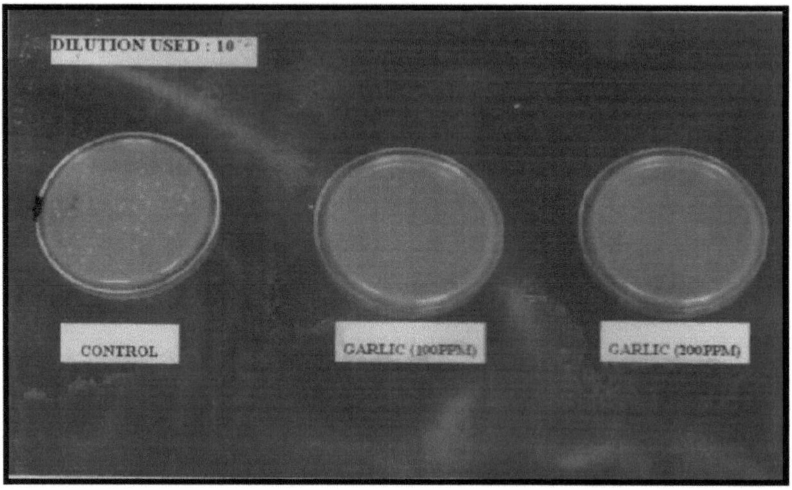

Placas 4.3.2. Efeito de várias concentrações de óleos essenciais em células não aquecidas de *Zygosaccharomyces bailly*

Placas 4.3. Efeito de várias concentrações de óleos essenciais em células não aquecidas e aquecidas de *Zygosaccharomyces bailly*

Tabela 4.4 Verificação da sensibilidade da *Candida albicans* submetida a stress térmico (aquecida) e não aquecida a óleos essenciais de plantas (especiarias).

Tabela 4.4.1. Efeito de várias concentrações de óleo essencial de cravinho em ágar de recuperação YMPG (pH 5,5) Formação de colónias sem aquecimento e com aquecimento (20 min. a 61^{0}C) Células de *Candida albicans*

Concentração de óleo de cravo-da-índia	Sem aquecimento (Cfu/ml)	Aquecido (Cfu/ml)
25ppm	235 x10^5	2.2 x 10^5
50ppm	231 x10^5	1.6 x 10^5
100ppm	230 x10^5	1.25 x 10^5
200 ppm	130 x10^5	1 x 10^5
Controlo	235 x10^5	2.5 x 10^5
Controlo (com 1 % de etanol)	237 x10^5	10^5

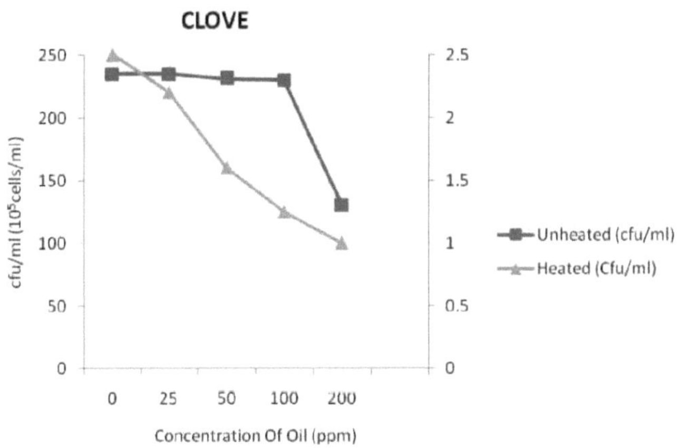

Fig.4.6.1. Efeito de várias concentrações de óleo essencial de cravo em ágar de recuperação YMPG (pH 5,5) na formação de colónias por células de Candida albicans não aquecidas e aquecidas (20 min. a 61^{0}C) Células de *Candida albicans.*

Fig. 4.6. Verificação da sensibilidade da *Candida albicans* submetida a stress térmico (aquecida) e não aquecida a óleos essenciais de plantas (especiarias).

Tabela 4.4.2. Efeito de várias concentrações de óleo essencial de canela em ágar de recuperação YMPG (pH 5,5) Formação de colónias sem aquecimento e com aquecimento (20 min. a 61^{0}C) Células de *Candida albicans*

Concentração de óleo de canela	Sem aquecimento (Cfu/ml)	Aquecido (Cfu/ml)
25ppm	230 x10^5	2.2 x 10^5
50ppm	230 x10^5	2.1 x 10^5
100ppm	225 x10^5	1.85 x 10^5
200 ppm	100 x10^5	NG
Controlo	250 x10^5	2.48 x 10^5
Controlo (com 1 % de etanol)	235x 10^5	2.35x 10^5

* NG - sem crescimento

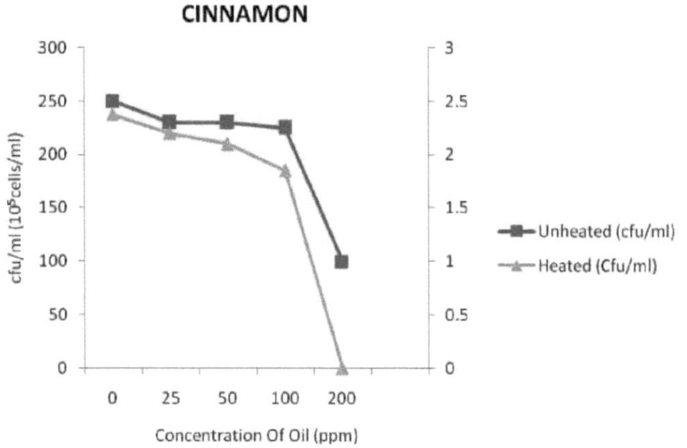

Fig.4.6.2. Efeito de várias concentrações de óleo essencial de canela em ágar de recuperação YMPG (pH5,5) Formação de colónias sem aquecimento e com aquecimento (20 min. a 61^{0}C) Células de *Candida albicans*

Tabela 4.4.3. Efeito de várias concentrações de óleo essencial de mostarda em ágar de recuperação YMPG (pH 5,5) Formação de colónias por células não aquecidas e aquecidas (20 min. a 61^{0}C) Células de *Candida albicans.*

Concentração de óleo de mostarda	Sem aquecimento (Cfu/ml)	Aquecido (Cfu/ml)
25ppm	235 x10^5	2.35 x 10^5
50ppm	235 x10^5	2.3 x 10^5
100ppm	235 x10^5	1.4 x 10^5
200 ppm	210x10^5	0.8 x 10^5
Controlo	250 x10^5	2.5 x 10^5
Controlo (com 1 % de etanol)	237 x10^5	10^5

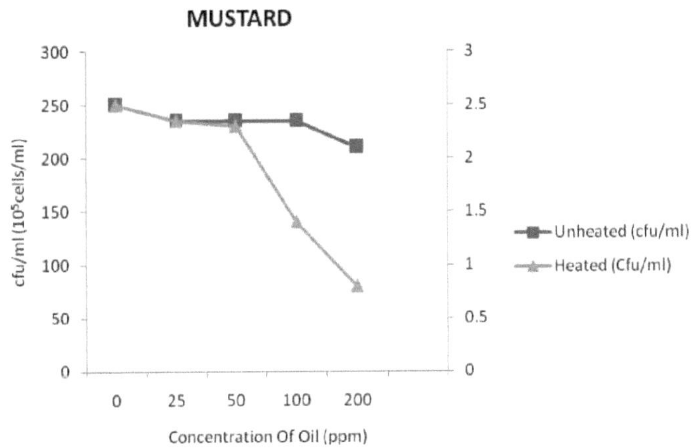

Fig.4.6.3. Efeito de várias concentrações de óleo essencial de mostarda em ágar de recuperação YMPG (pH5,5) Formação de colónias por células de Candida albicans não aquecidas e aquecidas (20 min. a 61^{0}C) Células de *Candida albicans.*

Tabela.4.4.4. Efeito de várias concentrações de óleo essencial de alho em ágar de recuperação YMPG (pH5,5) Formação de colónias por células de Candida albicans não aquecidas e aquecidas (20 min. a 61^{0}C) Células de *Candida albicans.*

Concentração de óleo de alho	Sem aquecimento (Cfu/ml)	Aquecido (Cfu/ml)
25ppm	$150x10^5$	1.6×10^5
50ppm	35×10^5	NG
100ppm	NG	NG
200 ppm	NG	NG
Controlo	235×10^5	2.38×10^5
Controlo (com 1 % de etanol)	' $\times 10^5$	2.7×10^5

* NG - sem crescimento

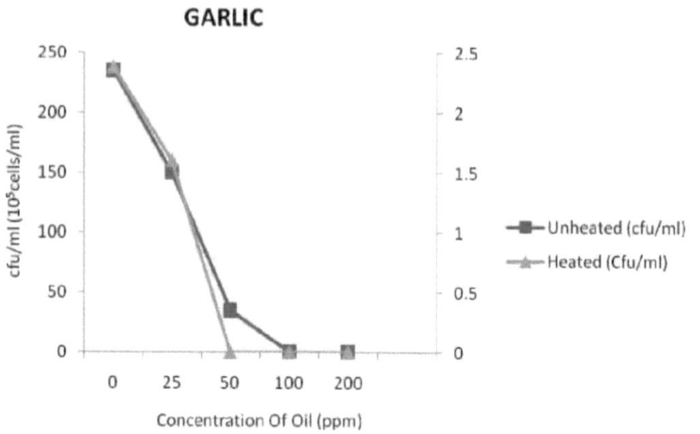

Fig.4.6.4. Efeito de várias concentrações de óleos essenciais em YMPG Recovery Agar (pH 5,5) na formação de colónias por células de *Candida albicans* não aquecidas e aquecidas (20 min. a 67°C)

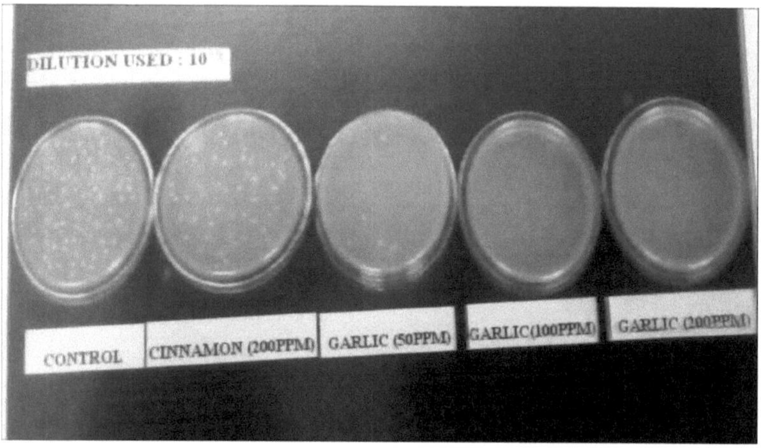

Placas 4.4.1 Efeito de várias concentrações de óleos essenciais em células não aquecidas de *Candida albicans*

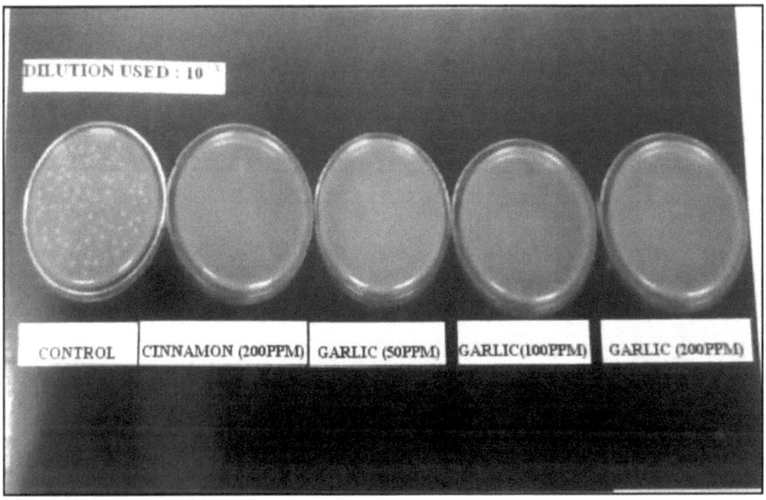

Placas 4.4.2. Efeito de várias concentrações de óleos essenciais em células aquecidas de *Candida albicans*

Placas 4.4. Efeito de várias concentrações de óleos essenciais em células não aquecidas e aquecidas de *Candida albicans.*

Com a exceção do óleo de alho para *Candida didensiae* e *Candida albicans,* todos os outros óleos essenciais em concentrações até 100 ppm no meio de recuperação não interferiram com a formação de colónias por células não aquecidas. Para a *Candida didensiae*, a maior sensibilidade foi observada com o óleo de alho e o óleo de canela a 200ppm (por exemplo, a 200ppm, nenhuma célula aquecida formou colónias no meio de recuperação). Para Candida albicans, a maior sensibilidade foi observada com 50 e 200 ppm de óleo de alho e canela. A sensibilidade de *Zygosaccharomyces rouxii, Zygosaccharomyces bailly* a todos os óleos essenciais testados também foi aumentada pelo stress térmico subletal. Mais uma vez, a maior sensibilidade foi observada com o óleo de alho, ou seja, a 50, 100 e 200ppm.

Foi efectuado um trabalho semelhante com as leveduras de teste: *Candida lipolytica, Debaromyces hansenii* NRRL -Y-7268, *Hansenula anomala* 67-455, *Kloeckera apiculata* NRRL - Y-1382, *Lodderomyces elongisporus* NRRL - YB - 4239, *Rhodotorula rubra* C-46A, *Saccharomyces cerevisiae e Torulopsis glabrata.* Os óleos essenciais de plantas utilizados foram: cravo, canela, alho, tomilho, cebola, orégãos, segurelha e pimenta da Jamaica.

Com exceção do óleo de alho para todas as leveduras testadas, do óleo de cebola para Saccharomyces cerevisiae e do óleo de orégãos para Rhodotorula rubra, os óleos essenciais em concentrações até 200 ppm em meios de recuperação não interferiram com a formação de colónias por células não aquecidas. As células aquecidas de Candida lipolytica mostraram uma sensibilidade consideravelmente maior aos óleos de canela, orégãos e tomilho a níveis de 100 ppm e 200ppm e aos óleos de alho e cebola a todas as concentrações testadas. As células Debaromyces hansenii aquecidas eram consideravelmente mais sensíveis a todos os níveis de óleos de orégãos e de alho e ligeiramente mais sensíveis aos outros óleos essenciais. A sensibilidade da H. anomala a todos os óleos essenciais foi aumentada pelo stress térmico subletal. A maior sensibilidade foi observada com o óleo de alho, que foi letal para todas as células aquecidas a uma concentração de 50ppm.

O stress térmico provocou apenas um ligeiro aumento da sensibilidade da Kloeckera apiculata aos óleos essenciais. As células aquecidas de Lodderomyces elongisporus mostraram uma maior sensibilidade a todos os óleos essenciais, mesmo ao nível de 25ppm. A maior sensibilidade foi observada com o óleo de alho. Por exemplo, ao nível de 100 ppm, nenhuma célula aquecida formou colónias no meio de recuperação. A Rhodotorula rubra, que foi observada como sendo excecionalmente sensível a vários outros óleos essenciais testados, mostrou um pequeno aumento na sensibilidade a muitos dos óleos após o aquecimento. As células aquecidas de Rhodotorula rubra não mostraram um aumento da sensibilidade ao óleo de alho em todas as concentrações testadas, ao óleo de canela a um nível igual ou superior a 50ppm e ao óleo de tomilho a 100ppm e 200ppm.

As células de Saccharomyces cerevisiae aquecidas mostraram uma maior sensibilidade a todos os óleos, com exceção dos óleos de pimenta da Jamaica e de cravinho, que contêm eugenol, em todas as concentrações. Tanto as células não aquecidas como as aquecidas mostraram uma sensibilidade considerável ao óleo de cebola e especialmente ao óleo de alho. A Torulopsis glabrata teve pouco efeito na sua sensibilidade aos óleos essenciais. Foi observado um ligeiro aumento da sensibilidade com 200ppm de óleo de canela e 200ppm de óleo de segurelha

(Conner et al., 1984).

Em geral, os danos causados pelo stress térmico aumentaram a sensibilidade das leveduras aos óleos essenciais. Foi relatado que as temperaturas de pré e pós-incubação influenciaram a viabilidade de células bacterianas e de leveduras submetidas a stress térmico (Katusui et al., 1983). Aqui, a temperatura de pós e pré incubação de 30°C foi óptima para o crescimento da maioria das leveduras testadas. As células submetidas a stress requerem condições de recuperação óptimas para que a reparação e a eventual divisão celular possam ocorrer.

Nos estudos aqui relatados, parece que o stress térmico pode ter causado danos ou lesões nas membranas citoplasmáticas, permitindo que os componentes anti-leveduras dos óleos essenciais se movam mais rapidamente para o interior das células de levedura, onde estes componentes aparentemente prejudicam o metabolismo normal através do seu modo de ação específico. Outra explicação para o aumento observado na sensibilidade das células aquecidas à dos óleos essenciais é que os óleos essenciais interferiram com os mecanismos de recuperação (reparação) necessários para a divisão celular e consequente formação de colónias. Foi referido que o metabolismo ativo era necessário para que as leveduras recuperassem de lesões induzidas pelo calor (Schenberg., 1972).

O óleo de casca de canela, o óleo de cravinho e o óleo de tomilho, bem como os seus componentes carvacrol, eugenol, timol e cinamaldeído, mostram potencial para aplicação antimicrobiana em alimentos. Os baixos valores de MIC destes compostos são promissores, uma vez que é provável que haja menos problemas com a compatibilidade do sabor dos produtos alimentares. Uma vez que os componentes do óleo foram capazes de inibir o crescimento em concentrações mais baixas, eles são mais promissores para uso em alimentos do que os óleos inteiros. (Wallis et al., 2013)

A redução da concentração de óleos essenciais sem comprometer a sua atividade antimicrobiana também pode ser obtida através da sua aplicação em combinação com outros compostos antimicrobianos que proporcionam um efeito sinérgico (Nguefack et al., 2012). Sabe-se que ocorrem sinergias nas combinações de óleos essenciais, pelo que se trata de um campo com inúmeras oportunidades para encontrar misturas antimicrobianas potentes, que podem ser a chave para a implementação de óleos essenciais na conservação de alimentos sem efeitos organolépticos simultâneos. (Morten et al., 2012)

É possível que os óleos essenciais afectem uma variedade de sistemas enzimáticos, incluindo os envolvidos na produção de energia celular e na síntese de componentes estruturais. O efeito dos óleos essenciais num determinado sistema enzimático precisa de ser investigado. Sugere-se, a partir deste estudo, que a indústria alimentar e o microbiologista alimentar devem estar conscientes de que a presença de óleos essenciais nos alimentos e ingredientes alimentares pode influenciar as respostas de crescimento de potenciais leveduras industriais e de deterioração.

Em resumo, foi demonstrado que quatro estirpes de leveduras, que se encontram entre as incriminadas como organismos de deterioração em alimentos de elevada acidez ou utilizadas para fermentar alimentos e bebidas, exibem uma maior sensibilidade aos óleos essenciais após serem submetidos a stress térmico. Estes óleos estão presentes nalguns alimentos a níveis que demonstraram causar efeitos letais nas células danificadas pelo calor. Assim, a influência dos óleos essenciais na redução da população de leveduras em alimentos processados termicamente não deve ser minimizada. No entanto, são necessárias mais experiências para determinar se as observações dos estudos aqui relatados, utilizando tampão como meio de aquecimento e ágar YMPG como meio de recuperação, também se aplicam ao aquecimento e à recuperação de células em alimentos. São necessários estudos para identificar os componentes antimicrobianos activos em cada óleo para facilitar a sua utilização na formulação de alimentos. É também necessária investigação adicional para definir mais claramente o modo de ação específico destes constituintes vegetais sobre as actividades metabólicas da levedura.

Capítulo 5

CONCLUSÃO GERAL DO ESTUDO

O estudo sobre a sensibilidade de leveduras submetidas a stress térmico a óleos essenciais de plantas (especiarias) foi efectuado com estas conclusões.

❖ As leveduras de deterioração alimentar foram enriquecidas e isoladas de:

S Compota de frutos misturados e ketchup de tomate.

❖ A identificação foi feita principalmente com base na formação de pseudomicélio, formação de ascósporos, utilização de compostos orgânicos como fontes de carbono e azoto, crescimento em meios sem vitaminas, teste do azul de diazónio B, etc.

❖ As estirpes de levedura foram identificadas como sendo:

✓ *Zygosaccharomyces rouxti*

✓ *Zygosaccharomyces bailly*

✓ *Candida didensiae*

✓ *Candida albicans*

❖ A resistência ao calor de todas as leveduras testadas foi determinada em termos de temperatura, que reduziu a população viável em 99% durante um período de 20 minutos, e foi considerada como sendo:

✓ Para *Zygosaccharornyces rouxii* - 67°C.

✓ *Zygosaccharonzyces bailly* - 67°C.

✓ *Candida didensiae* - 63°C.

✓ *Candida albicans* - 61°C, respetivamente.

❖ Para verificar a sensibilidade das estirpes de levedura submetidas a stress térmico aos óleos essenciais da planta, os óleos essenciais investigados foram:

- ✓ Cravo
- ✓ Canela
- ✓ Alho
- ✓ Mostarda

❖ Estes óleos foram testados tanto em células sujeitas a stress térmico como em células não aquecidas. O estudo comparativo revelou que as células sujeitas a stress térmico eram mais sensíveis aos óleos essenciais do que as células não aquecidas. A maior sensibilidade foi observada com o óleo de alho.

❖ Assim, foi demonstrado que os quatro isolados de leveduras que se encontram entre os incriminados como organismos de deterioração em alimentos de elevada acidez exibem uma maior sensibilidade aos óleos essenciais de plantas (especiarias) após serem submetidos a stress térmico.

❖ Os resultados obtidos têm implicações práticas. A nível industrial, os programas de processamento térmico são concebidos para alcançar uma redução na população máxima dos microrganismos mais susceptíveis de estarem presentes nos alimentos e de causarem deterioração durante o armazenamento subsequente em condições pré-determinadas. Estes tratamentos térmicos são geralmente prejudiciais para as qualidades organolépticas, resultando em alterações indesejáveis na textura e na cor, e perdas de componentes voláteis do sabor.

❖ As observações de que os óleos essenciais podem contribuir para a inativação térmica das leveduras na gama de pH inferior a 5,5 oferecem o potencial para redefinir os requisitos do processo para certos alimentos, de modo a que a entrada máxima de calor possa ser reduzida sem sacrificar qualquer grau de esterilidade. Estas modificações resultariam na manutenção das qualidades sensoriais desejadas não processadas, bem como na retenção de nutrientes. Além disso, o custo da energia necessária à indústria para atingir estas condições seria reduzido.

❖ Assim, a influência dos óleos essenciais na redução da população de leveduras em alimentos processados termicamente não deve ser minimizada.

APÊNDICE

Os produtos químicos importantes, os meios para testes bioquímicos e fisiológicos, os meios de cultura, as colorações e os reagentes utilizados em vários métodos experimentais são apresentados resumidamente da seguinte forma.

Composição dos meios de comunicação

1. Meio Basal para Fermentação de Açúcares:

Extrato de levedura	-	5 gms.
Indicadores de Andrade	-	10 gotas
Água destilada	-	1000 ml
pH	-	6.0±0.2

Os açúcares foram esterilizados separadamente e adicionados a cada tubo de modo a que a concentração de cada açúcar seja de 50 mM.

2. Vitaminas quimicamente definidas Free Media:

Sulfato de amónio	-	5.0 gms.
Dextrose	-	10.0 gms.
L - Cloridrato de histidina	-	0,01 gms.
DL - Metionina	-	0,02 gms.
DL - Triptofano	-	0,02 gms.
Biotina	-	0,000002 gms.
Ácido bórico	-	0,0005 gms.
Sulfato de cobre	-	0,00004 gms.
Iodeto de potássio	-	0,0001 gms.

Cloreto férrico	-	0,0002 gms.
Sulfato de maganésio	-	0,0004 gms.
Molibdato de sódio	-	0,0002 gms.
Sulfato de zinco	-	0,0004 gms.
Fosfato monopotássico	-	1 .00 gms.
Sulfato de magnésio	-	0,50 gms.
Cloreto de sódio	-	0,10 gms.
Cloreto de cálcio	-	0,10 gms.
Água destilada	-	1000 ml
pH	-	5,6± 0,2

3. Caldo de ureia de Christensen

	- 1 gms.
NaCI	- 5 gms.
KH_2PO_4	- 2 gms.
Vermelho de fenol (solução aquosa 1:500)	- 6 ml
Ureia	l0 -gms.
Água destilada	- 1000 ml
pH	- 6.8

A solução de ureia foi esterilizada por filtração e adicionada ao meio.

4. Caldo de extrato de levedura com glucose

Extrato de levedura	- 5 gms.
Glicose	- 20 gms.
Peptona	- 10 gms.
Água destilada	- 1000 ml
pH	- 5.4

5. Ágar Tributirina $CaCO_3$ de Gorodkowa

Peptona	-	10 gms.
NaCI	-	3 gms.
Extrato de carne	-	3 gms.
Glicose	-	5 gms.
$CaCO_3$	-	10 gms.
Água destilada	-	1000 ml
pH	-	6.5-7.5

6. Água de peptona de nitrato

Nitrato de sódio	-	0,2 gms.
Peptona	-	5 gms.
Água destilada	-	1000 ml
pH	-	5.4±0.2

7. Ágar dextrose de batata

Batata	-	200 gms.
Glicose	-	20 gms.
Ágar	-	20 gms.
Água destilada	-	1000 ml
pH	-	5.4

Cozer a batata em água durante 30 minutos. Decantar o extrato e completar o volume até 1 litro com água. Em seguida, adicionar os outros componentes.

8. ágar de Sabouraud

Peptona	-10 gms.
Glicose	-40 gms.
Ágar	-20 gms.
Água destilada	-1000 ml

pH -5.4

9. Ágar de extrato de malte de levedura (YM)

Extrato de levedura	-	3 gms.
Extrato de carne	-	3 gms.
Peptona	-	5 gms.
Glicose	-	10 gms.
Ágar	-	30 gms.
Água destilada	-	1000 ml
pH	-	5.4

10. Ágar de glucose peptona de extrato de malte de extrato de levedura (YMPG)

Extrato de levedura	-	3 gms.
Peptona	-	5 gms.
Glicose	-	10 gms.
Ágar	-	20 gms.
Água destilada	-	1000 ml
pH	-	5.4

11. Base de carbono de levedura

Dextrose	-	10.0 gms.
L - Cloridrato de histidina	-	0,001 gms.
DL - Metionina	-	0,002 gms.
DL - Triptofano	-	0,002 gms.
Biotina	-	0,000002 gms.
Ca - pentotenato	-	0,002 gms.
Ácido fólico	-	0,0004 gms.
Inositol	-	0,0002 gms.

Niacina	-	0,0004 gms.
P - Ácido aminobenzóico	-	0,0002 gms.
Cloridrato de piridoxina	-	- 0,0004 gms
Riboflavina	-	- 0,0002 gms.
Cloridrato de tiamina	-	- 0,0004 gms.
Ácido bórico	-	- 0,0005 gms.
Sulfato de cobre	-	- 0,0004 gms.
Iodeto de potássio	-	- 0,0001 gms.
Cloreto férrico	-	- 0,0002 gms.
Sulfato de maganésio	-	- 0,0004 gms.
Molibdato de sódio	-	- 0,0002 gms.
Sulfato de zinco	-	- 0,0004 gms.
Fosfato monopotássico	-	- 1,00 gms.
Sulfato de magnésio	-	- 0,50 gms.
Cloreto de sódio	-	- 0,10 gms.
Cloreto de cálcio	-	- 0,10 gms.
Água destilada	-	- 1000 ml
pH	-	- 5.4+0.2

12. Base azotada de levedura

Sulfato de amónio	-	- 5.0 gms.
L - Cloridrato de histidina	-	- 0,01 gms.
DL - Metionina	-	- 0,02 gms.
DL - Triptofano	-	- 0,02 gms.
Biotina	-	- 0,000002 gms.
Ca - pentotenato	-	- 0,0004 gms.

Ácido fólico - - 0,000002 gms.

Inositol - - 0,002 gms.

Niacina - - 0,0004 gms.

P - ácido aminsobenzóico - - 0,0002 gms.

Cloridrato de piridoxina - - 0,0004 gms.

Riboflavina - 0,0002 gms.

Cloridrato de tiamina - 0,0004 gms.

Ácido bórico - 0,0005 gms.

Sulfato de cobre - 0,00004 gms.

Iodeto de potássio - 0,0001 gms.

Cloreto férrico - 0,0002 gms.

Sulfato de maganésio - 0,0004 gms.

Molibdato de sódio - 0,0002 gms.

Sulfato de zinco - 0,0004 gms.

Fosfato monopotássico - 0,0002 gms.

Sulfato de magnésio - 0,0004 gms.

Cloreto de sódio - 1,00 gms.

Cloreto de cálcio - 0,10 gms.

Água destilada - 1000 ml

pH - 5.4 + 0.2

Composição dos reagentes

1. Reagente DBB

É preparado dissolvendo o sal azul de diazónio B (azul rápido B) no tampão tris 0,1M frio, pH 7,0, a 1 mg / ml. Este reagente deve ser conservado a frio e utilizado poucos minutos após a sua preparação, antes de perder a cor.

2. Griess - reagente de illosway

0,8% de ácido sulfanílico + 0,5% de naftilamina, preparados em ácido acético 5 N.

3. Iodo de Lugol

KI	-	100 gms.
Iodo	-	50 gms.
Água destilada	-	1000 ml

4. Tampão fosfato (pH 7,0)

Solução A: - 0,1M

$NaH_2 PO_{(4}$	- 15,6 gms.
destilada	- 1000 ml

Solução B: - 0,1 M

$Na_2 HPO4$	- 14,19 gms.
destilada	- 1000 ml

Misturar 39,0 ml da solução A e 61,0 ml da solução B. Completar o volume para 200 ml.

REFERÊNCIAS

Abbe, T, Krockel L, Hill C. 1995. Bacteriocinas: Modos de ação e potencialidades na conservação dos alimentos e no controlo das intoxicações alimentares. Int J Food Microbiol 28:169-85.

Abdenour, A., Lamia, C., Laura, E., Susana, L., Carmen, R. e Rafael, P. ,2011. A atividade antimicrobiana de constituintes hidrofóbicos de óleos essenciais actuando isoladamente ou em processos combinados de conservação de alimentos. Ciência Alimentar Inovadora e Tecnologias Emergentes.12 (3): 320-329.

Adams, G. H., e Z. J. Ordal. , 1976. Efeito da redução da atividade da água nos conídios de Aspergillus parasiticus. J. Food Sci. 41:547-550.

Agab, M. A. e Collins, M., 1992a. Efeito do tratamento (temperatura, pH, atividade da água *aw)* sobre a resistência térmica das leveduras. J. Food Sci. Technol. 29:5-9.

Agab, M. A. e Collins, M., 1992b. Efeito do tratamento térmico em células de levedura cultivadas aerobicamente e anaerobicamente ou em jejum em diferentes pH menstruais. J. Food Sci. Technol. 29:10-13.

Akinyele, B. J. e Akinkunmi, C. O., 2012. Fungos associados à deterioração de bagas e a sua reação ao campo eletromagnético. Jornal de Investigação de Leveduras e Fungos. 3(4):49-57.

Alcoholfree.co.uk, 2012. O que se entende por sem álcool? http://www.alcoholfree.co.uk/article_info.php?articles_id=5 (Recuperado em 9 de agosto de 2013).

Al Otaibi, M., El Demerdash, H., 2008. Melhoria da qualidade e do prazo de validade do iogurte concentrado (labneh) através da adição de alguns óleos essenciais. Afr. J. Microbiol. Res. 2:156-161.

Amalaradjou, M.A., Hoagland, T.A. e Venkitanarayanan, K. , 1984. . Inativação de Enterobacter sakazakii em fórmula infantil reconstituída por trans-cinamaldeído. Int. J. Food Microbiol. 129(2):146-9.

Anderson, P. J., Mcneil, K. E., e Watson, K., 1973. Isolamento e identificação de leveduras termotolerantes de moinhos de cana-de-açúcar australianos. J. Gen. Microbiol. 134:1691-1698.

Ando, A., Nakamura, T., Murata, Y., Takagi, H., e Shima, J., 2006. Identificação e classificação dos genes necessários para a tolerância ao stress do congelamento revelados pelo rastreio de estirpes de deleção *de Saccharomyces cerevisiae* em todo o genoma. FEMS Yeast Res. 7:244-253.

Anon, 2002. Handbook on Spices. NIIR Board, Instituto Nacional de Investigação

Industrial, Asia Pacific Business Press Inc, Nova Deli, Índia.

Antunovics, Z., Nguyen, H.-V., Gaillardin, C., e Sipiczki, M. , 2005 Estabilização gradual do genoma por redução progressiva do genoma *de Saccharomyces uvarum* num híbrido interespecífico com *Saccharomyces cerevisiae.* FEMS Yeast Res. 5:1141-1150.

Atarés, L., De Jesús, C., Talens, P., Chiralt, A., 2010. Caracterização de filmes comestíveis à base de SPI incorporados com óleos essenciais de canela ou gengibre. J. Food Eng. 99 (3) : 384-391.

Atta HM, Selim SM, Zayed MS. 2012. Antibiótico natamicina produzido por *Streptomyces sp.:* fermentação, purificação e actividades biológicas. J Ameri Sci 8 (2) : 469-75.

Attfield, P. V., Choi, H. Y., Veal, D. A., e Bell, P. J. L. ,2001. Heterogeneidade da expressão de stress e resistência ao stress entre células individuais de *Saccharomyces cerevisiae.* Mol. Microbiol. 40:1000-1008.

Audic, J.L., Chaufer, B., 2005. A influência de plastificantes e reticulantes nas propriedades de filmes biodegradáveis feitos de caseinato de sódio. Eur.Polym. J. 41: 1934-1942.

Ayala-Zavala, J.F., González-Aguilar, G.A., 2010. Otimização da utilização de óleo de alho como agente antimicrobiano em tomate fresco cortado através de um sistema de libertação controlada. J. Food Sci. 75: M398-M405.

Ayala-Zavala, J.F., del Toro-Sanchez, L., Alvarez-Parrilla, E., Soto-Valdez, H., Martin-Belloso, O., Ruiz-Cruz, S., Gonzalez-Aguilar, G., 2008a. Agentes antimicrobianos naturais incorporados em embalagens activas para preservar a qualidade de frutas e legumes frescos. Stewart Posthar. Rev. 4:1-9.

Ayala-Zavala, J.F., Oms-Oliu, G., Odriozola-Serrano, I., González-Aguilar, G.A., Álvarez-Parrilla, E., Martín-Belloso, O., 2008b. Bio-preservação de tomates frescos utilizando antimicrobianos naturais. Eur. Food Res. Technol. 226:1047-1055.

Ayres, J.C., Mundt, J.O., e Sandine W.E. (1980). Microbiologia dos alimentos. Capítulos 11 e 18. Em Spices and condiments, fish and shellfish. W. H. Freeman and Company. São Francisco. Califórnia.

Bagge-Ravn, D., Ng, Y., Hjelm, M., Christiansen, J. N., Johansen, C., e Gram, L., 2003. The microbial ecology of processing equipment in different fish industries-analysis of the microflora during processing and following cleaning and disinfection. Int. J. Food Microbiol. 87:239-250.

Bang K-H, Lee D-W, Park H-M, Rhee Y-H. 2000. Inibição de enzimas de síntese da parede celular de fungos por trans-cinamaldeído. Biosci Biotech Biochem 64 (5) : 1061-3

Barr, M. E., 1983. A ligação dos ascomicetes. Mycologia 75:1-13.

Barnett,J.A.,Payana R.W. e Yarrow. D., 1983.Yeasts, characteristics and identification. Cambridge University Press, Cambridge.

Barnett, J. A., Payne, R.W., e Yarrow, D., 1990. Yeast. Characteristics and Identification, 2nd Ed. Cambridge Univ. Press, Cambridge.

Barnett JA, Payne RW, Yarrow D. 2000. Yeasts: Characteristics and identification, 3rd Ed.Cambridge, U.K.; New York, NY, USA: Cambridge University Press.

Barnett, J. A., 2004. Uma história da investigação sobre as leveduras 8: taxonomia. Yeast 21:11411193.

Bärwald, G. e Hamad, S. H., 1984. A presença de leveduras nas fábricas de açúcar de cana do Sudão. Zuckerindustrie 109:1014-1016.

Baser, K.H.C., Buchbauer, G., 2010. Handbook of Essential Oils: Science, Technology and Applications. CRC Press, Boca Raton, Londres, Nova Iorque, ISBN: 978-1-4200-6315-8.

Basile, A., Jimenez-Carmona, M.M., Clifford, A.A., 1998. Extração de alecrim por água sobreaquecida. J. Agric. Food Chem. 46:5205-5209.

Bell TA, Etchells JL, Borg AF. 1959. Influência do ácido sórbico no crescimento de certas espécies de bactérias, leveduras e fungos filamentosos. J Bacteriol 77 (5) : 573-80.

Benchaar, C., Calsamiglia, S., Chaves, A.V., Fraser, G.R., Colombatto, D., McAllister, T.A., Beauchemins, K.A., 2008. Uma revisão dos óleos essenciais derivados de plantas na nutrição e produção de ruminantes. Anim. Feed Sci. Technol. 145: 209-228.

Benchaar, C., Greathead, H., 2011. Óleos essenciais e oportunidades para mitigar as emissões de metano entérico dos ruminantes. Anim. Feed Sci. Technol. 166167:338-355.

Benkeblia, N., 2004. Atividade antimicrobiana de extractos de óleo essencial de várias cebolas *(Allium cepa)* e alho *(Allium sativum).* LWT Food Sci. Technol. 37: 263-268.

Benkeblia, N., Lanzotti, V., 2007. Tiosulfinatos *de Allium*: química, propriedades biológicas e sua potencial utilização na conservação de alimentos. Food 1:193201.

Bennis S, Chami F, Chami N, Bouchikhi T, Remmal A. 2004. Alteração da superfície de *Saccharomyces cerevisiae* induzida por timol e eugenol. Lett Appl Microbiol.38(6):454-8.

Benson, D., 20 de abril de 2004. Coca Kick in Drinks Spurs Export Fears". The Washington Times. http://www.minsdfully.org/food/2004/kdrink-coca-drink19apr04.htm (Recuperado em 9 de agosto de 2013).

Betts, G. D., Linton, P., e Betteridge, R. J., 1999. Leveduras de deterioração alimentar: efeitos do pH, NaCl e temperatura no crescimento. Food Control 10:27-33.

Betts, G. D., Linton, P., e Betteridge, R. J., 2000. Efeito sinérgico do cloreto de sódio, temperatura e pH no crescimento de um cocktail de leveduras de deterioração: uma nota de investigação. Food Microbiol. 17:47-52.

Beuchat, L. R., e W. K. Jones. 1978. Efeitos de conservantes alimentares e antioxidantes na formação de colónias por conídios aquecidos de Aspergillus flavus. Ata Aliment. Acad. Sci. Hung. 7:373-384.

Beuchat, L.R. (1981). Influência do sorbato de potássio e do benzoato de sódio na inativação pelo calor de Aspergillus flavus, Penicillium puberulum e Geotrichum candidum. Food Protection.40: 450 - 454.

Beuchat, L.R. (1981). Efeito sinérgico do sorbato de potássio e do benzoato de sódio na inativação térmica de leveduras. Ciência dos Alimentos.46: 771-777.

Beuchat, L. R., 1984. Lesões e reparação de leveduras e bolores. *Em*: The Revival of Injured Microbes (eds. Andrew, M. H. E. e Russel, A. D.). Academic Press, Londres. 293-308.

Beuchat, L.R.,1998. Progresso nos métodos convencionais de deteção e enumeração de leveduras de origem alimentar. Food Technol. Biotechno! 36: 267-272.

Beuchat, L. R., 2002. Factores ecológicos que influenciam a sobrevivência e o crescimento de agentes patogénicos humanos em frutos e vegetais crus. Microb. Infect. 4:413-423.

Beuchat, L. R., Adler, B. B., e Lang, M. M., 2004. Eficácia do cloro e de um desinfetante de ácido peroxiacético na eliminação de *Listeria monocytogenes* em iceberg e alface Romaine utilizando condições de processamento comercial simuladas. J. Food Protect. 67:1238-1242.

Bi X, Guo N, Jin J, Liu J, Feng H, Shi J, Xiang H, Wu X, Dong J, Hu H, Yan S, Yu C, Wang X, Deng X, Yu L. 2010. O perfil global de expressão génica do fungo modelo *Saccharomyces cerevisiae* induzido pelo timol. J Appl Microbiol 108(2):712-22.

Bond, U., 2006. Stressed out! Efeitos do stress ambiental no metabolismo do mRNA. FEMS Yeast Res. 6:160-170.

Bonestroo, M. H., de Witt, J. C., Kusters, B. J. M., e Rombouts, F. M., 1993 Inibição do crescimento de leveduras em saladas fermentadas. Int. J. Food Microbiol. 17:311-320.

Bouhdid, S., Abrini, J., Amensour, M., Zhiri, A., Espuny, M., Manresa, A., 2010. Alterações funcionais e ultra-estruturais em *Pseudomonas aeruginosa* e *Staphylococcus aureus* induzidas pelo óleo essencial *de Cinnamon verum*. J. Appl. Microbiol. 109 (4): 1139-1149.

Booth, I. R., 2002. Stress and single cells: intrapopulation diversity is a mechanism to survive upon exposure to stress. Int. J. Food Microbiol. 78:19-30.

Bounatirou, S., Smiti, S., Miguel, M.G., Faleiro, L., Rejeb, M.N., Neffati, M., Costa, M.M., Figueiredo, A.C., Barroso, J.G., Pedro, L.G., 2007. Composição química, actividades antioxidante e antibacteriana dos óleos essenciais isolados de *Thymus capitatus* Hoff. et Link. da Tunísia. Food Chem. 105:146-155.

Branen, J.K., Davidson, P.M., 2004. Reforço das actividades antimicrobianas da nisina, lisozima e monolaurina pelo ácido etilenodiamino tetra-acético e lactoferrina. Int J Food Microbiol 90 (1) : 63-74.

Brocklehurst, T. F., White, C. A., e Dennis, C., 1983. A microflora da salada de repolho armazenada e factores que afectam o crescimento de leveduras de deterioração na salada de repolho. J. Appl. Bacteriol. 55:57-63.

Brocklehurst, T. F. e Lund, B. M., 1984. Alterações microbiológicas em saladas à base de maionese durante o armazenamento. Food Microbiol. 1:5-12

Brul S, Coote P. 1999. Agentes conservantes em alimentos - modo de ação e mecanismos de resistência microbiana. Int J Food Microbiol 50:1-17.

Brul S, Stratford M, Vaart JM, Dielbandhoesing SK, Steels H, Klis FM, Verrips CT. 1997. A ação antifúngica da 1, 10-o-fenantrolina e do EDTA é mediada pela quelação do zinco e envolve a construção da parede celular. Food Technol Biotech 35 (4): 267-74.

Buchbauer, G., Jirovetz, L., 1994. Aromaterapia - utilização de fragrâncias e óleos essenciais como medicamentos. Flavor Fragr. J. 9 (5): 217-222.

Buick, R. K. e Damoglou, A. P., 1989. Efeito da embalagem em atmosfera modificada sobre o desenvolvimento microbiano e o prazo de validade visível de uma salada de legumes à base de maionese. J. Sci. Food Agric. 46:339-347.

Bullerman, L.B., Lieu, F.Y. e Seier, S.A., 1997. Inibição do crescimento e da produção de aflatoxina pelos óleos de canela e cravo, aldeído cinâmico e eugenol. Food Science.42.No.4: 1107- 1109.

Burt, S., 2004. Óleos essenciais: as suas propriedades antibacterianas e potenciais aplicações nos alimentos - uma revisão. Int. J. Food Microbiol. 94: 223-253.

Cadez, N., Poot, G. A., Raspor, P., e Smith, M. Th., 2003. *Hanseniaspora meyeri* sp. nov., *Hanseniaspora clermontiae* sp. nov., *Hanseniaspora lachancei* sp. nov., e *Hanseniaspora opuntiae* sp. nov., novas espécies de leveduras apiculadas. Int. J. Syst. Evol. Microbiol. 53:1671-1680.

Cai, J., Roberts, I. N., e Collins, M. D., 1996. Relações filogenéticas entre membros dos géneros de leveduras ascomicetas *Brettanomyces, Debaryomyces, Dekkera* e *Kluyveromyces* deduzidas por sequências do gene rRNA de subunidade pequena. Int. J. Syst. Bacteriol. 46:542-549.

Calin-Sanchez, A., Lech, K., Szumny, A., Figiel, A., Carbonell-Barrachina, A.A., 2012. Composição volátil do óleo essencial de manjericão doce *(Ocimum basilicum L.)* afetada pelo método de secagem. Food Res. Int. 48:217-225.

Cao, Y., Gu, W., Zhang, J., Chu, Y., Ye, X., Hu, Y., Chen, J., 2013. Efeitos do quitosano, extrato aquoso de gengibre, cebola e alho na qualidade e prazo de validade da carne de porco estufada durante o armazenamento refrigerado. Food Chem. 141: 1655-1660.

Carnesecchi, S., Schneider, Y., Ceraline, J., Duranton, B., Gosse, F., Seiler, N., Raul, F., 2001. O geraniol, um componente dos óleos essenciais de plantas, inibe o crescimento e a biossíntese de poliaminas em células cancerosas do cólon humano. J. Pharmacol. Exp. Ther. 298 (1): 197-200.

Carrasco, P., Querol, A., e del Olmo, M., 2001. Análise da resistência ao stress de estirpes comerciais de leveduras de vinho. Arch. Microbiol. 175:450-457.

Casas, E., de Ancos, B., Valderrama, M. J., Cano, P., e Peinado, J. M., 2004. Produção de pentadieno a partir de sorbato de potássio por leveduras osmotolerantes. Int. J. Food Microbiol. 94:93-96.

Cerutti, P., Alzamora, S. M., e Chirife, J., 1990. Uma abordagem multiparâmetro para controlar o crescimento de *Saccharomyces cerevisiae* em meios laboratoriais.

J. Food Sci. 55:837-840.

Charalambous, G., 1994. Spices, Herbs and Edible Fungi, Capítulo 3, 12, 19 e 20. Elsevier Science 13. V., Amesterdão.

Charoenchai, C., Fleet, G. H., e Henschke, P. A., 1998. Efeitos da temperatura, pH e concentração de açúcar nas taxas de crescimento e biomassa celular de leveduras de vinho. Am. J. Enol. Vitic. 49:283-288.

Cheng, S., Liu, J., Hsui, Y., Chang, S., 2006. Polimorfismo químico e atividade antifúngica de óleos essenciais de folhas de diferentes proveniências de canela indígena *(Cinnamon osmophloeum)*. Bioresour. Technol. 97 (2): 306-312.

Cheng, S., Liu, J., Huang, C., Hsui, Y., Chen, W., Chang, S., 2009. Actividades insecticidas de óleos essenciais de folhas de *Cinnamomum osmophleum* contra três espécies de mosquitos. Bioresour. Technol. 100 (1):457-464.

Chipley JR. 1993. Benzoato de sódio e ácido benzoico. In: Davidson PM, Branen AL, editores.Antimicrobials in foods. 2nd Ed. New York: M. Dekker.

Chouliara, E., Karatapanis, A., Savvaidis, I.N., Kontominsas, M.G., 2007. Efeito combinado do óleo essencial de orégãos e da embalagem em atmosfera modificada no prolongamento do prazo de validade da carne fresca do peito de frango, armazenada a 4 °C. Food Microbiol. 24 (6):607-617.

Chung, I., Kwon, S., Shim, S.T., Kyung, K., 2007. Atividade anti-levedura sinérgica do óleo de alho e do álcool alílico derivado da alliin no alho. J. food Sci.72: M437-M440.

Cole, M. B., Franklin, J. G., e Keenan, M. H. J. (1987a) Probabilidade de crescimento da levedura de deterioração *Zygosaccharomyces bailii.* Yeast 2:93-100.

Cole, M. B., Franklin, J. G., e Keenan, M. H. J. (1987b) Probabilidade de crescimento da levedura de deterioração *Zygosaccharomyces bailii* num sistema modelo de bebida de fruta. Food Microbiol. 4:115-119.

Cole, M. B. e Keenan, M. H. J., 1997. Efeitos dos ácidos fracos e do pH externo no pH intracelular de *Zygosaccharomyces bailii* e suas implicações na resistência aos ácidos fracos. Yeast 3: 23-32.

Collinson, L. P. e Dawes, I. W., 1992 Inducibilidade da resposta das células de levedura ao stress de peróxido. J. Gen. Microbiol. 138:329-335.

Comi, G., Ruffoni, B., Denozza, D., e Cantoni, C. (1981b) Contaminação por leveduras do inóculo fúngico para a produção de Gorgonzola. Ristor. Collett. 6(11):99- 101.

Conner, D.E. e Beuchat, L.R., 1984. "Efeito dos óleos essenciais de plantas no crescimento de leveduras de deterioração alimentar. Food Science.49: 429-434.

Conner, D.E. e Beuchat, L.R. ,1984. "Sensibilidade de leveduras submetidas a stress térmico a óleos essenciais de plantas. Applied and Environmental Microbiology. 47 (2): 229-233.

Corry, J. E. L., 1976. Os efeitos de açúcares e polióis na resistência ao calor e na morfologia de leveduras osmofílicas. J. Appl. Bacteriol. 40:269-276.

Corry, J. E. L., 1997. Relações entre a atividade da água e o crescimento de fungos. *In:* Micologia de Alimentos e Bebidas. 2nd Ed. (Ed. Beuchat, L. R.). Van Nostrand, Nova Iorque. 51-99.

Costa A, Barata A, Malfeito-Ferreira M, Loureiro V. 2008. Avaliação do efeito inibitório do dicarbonato de dimetilo (DMDC) contra os microrganismos do vinho. Food Microbiol 25(2):422-7.

Couto, J. A., Neves, F., Campos, F., e Hogg, T., 2005 Inativação térmica de as leveduras de deterioração do vinho *Dekkera/Brettanomyces.* Int. J. Food Microbiol. 104:337-344.

D'Amato, A., Fasoli, E., Kravchuk, A., Righetti, P., 2011. Noz por noz? O proteoma vestigial de uma bebida de cola, detectado através de bibliotecas combinatórias de peptídeos ligantes. J. Proteome Res. Am. Chem. Soc. 10 (5) : 2684-2686. http://dx.doi.org/10.1021 /pr2001447.

de Azeredo, G.A., Stamford, T.L.M., Nunes, P.C., Neto, N.J.G., de Oliveira, M.E.G., de Souza, E.L., 2011. Aplicação combinada de óleos essenciais de *Origanum vulgare* L. e *Rosmarinus officinalis* L. na inibição de bactérias e microflora autóctone associadas a vegetais minimamente processados. Food Res. Int. 44 (5):1541-1548.

Davidson, P. M. e Branen, A. L., 1993. Antimicrobianos nos alimentos. Capítulo 13. Em D.E. Conner (Ed.), Naturally occurring compounds. Marcel Dekker. Inc., Nova Iorque.

Davidson, P.M., Doan, C.H., 2005. Natamicina. Em: Davidson PM, Branen AL, editores. Antimicrobials in foods. 2nd Ed. Nova Iorque: Marcel Dekker Inc.

Davidson, P. M., Sofos, J. N., e Branen, A. L., 2005 Antimicrobials in Food. Taylor and Francis, Nova Iorque.

Davidson P. M., Taylor M. T., 2007. Chemical conservatives and natural antimicrobial compounds, inFood Microbiology: Fundamentals and Frontiers, eds Doyle P., Beuchat L. R., Montville T. J., editores. (Washington, DC: American Society for Microbiology Press;), 713-734

Day, B.P.F., 1989. Extensão do prazo de validade dos alimentos refrigerados. Eur. Food Drink 4, 4756.

Deak, T,: Foodbome yeasts. Adv. Appl. Microbiol. 36, 1991 179-278.

Deak, T.: Meios para a contagem de leveduras de deterioração - um estudo colaborativo. In: Modem methods in food mycology (editado por Samson, R.A.; Hocking, AD.; Pin, J.I.; King, AD. Jr). Amesterdão, Países Baixos: Elsevier, 1992 31-38.

Deak, T. e Beuchat, L. R. ,1993 Utilização da condutimetria indireta para prever o crescimento de leveduras de deterioração alimentar em várias condições ambientais. J. Ind. Microbiol. 12:301-308.

Deak, T. e Beuchat, L. R., 1994. Utilização da condutimetria indireta para prever o crescimento de leveduras de deterioração, com especial atenção para *Zygosaccharomyces bailii.* Int. J. Food Microbiol. 23:405-417.

Deak, T. e Beuchat, L. R., 1996. Handbook of Food SpoilageYeasts. CRC Press,

Boca Raton, FL.12-14.

Deak T. 2008. Handbook of food spoilage yeasts, 2nd Ed. Boca Raton, FL: CRC Press

De Barros Lopes, M., Bellon, J. R., Shirley, N. J., e Gantner, P. F., 2002. Evidência de hibridação interespecífica múltipla em espécies de *Saccharomyces sensu stricto*. FEMS Yeast Res. 1:323-331.

Debevere, J. M., 1997. A utilização de sistemas acidulantes tamponados para melhorar a estabilidade microbiológica de alimentos ácidos. Food Microbiol. 4:105-114.

Devi KP, Nisha SA, Sakthivel R, Pandian SK. 2010. O eugenol (um óleo essencial de cravinho) actua como um agente antibacteriano contra *a Salmonella typhi*, rompendo a membrana celular. J Ethnopharmacol 130(1):107-15.

DeWit, J. C., S. Notermans, N. Gorin, e E. H. Kampelmacher. 1979. Effect of garlic or onion oil on toxin production by Clostridium botulinum in meat slurry. J. Food Protect.42:222-224.

Deytieux C, Mussard L, Biron MJ, Salmon JM. 2005. Medição fina das necessidades de ergosterol para o crescimento de *Saccharomyces cerevisiae* durante a fermentação alcoólica. Appl Microbiol Biotechnol 68(2):266-71.

Di Giovacchino, L., Angerosa, F., Di Giacinto, L., 1996. Efeito da mistura das folhas com azeitonas na qualidade organoléptica do azeite obtido por centrifugação. J. Am. Oil Chem. Soc. 73:371-374.

Duken,J.P. Van; Bosch, E. Van Den; Hermans, J.J.; Rodrigues Demiranda, L.; Scheffers, W.A.,1986. Fermentação alcoólica por leveduras "não fermentativas". Levedura 2: 123-127.

Duan, Zhao, 2009. Eficiência antimicrobiana do óleo essencial e tratamentos de congelação-descongelação contra *Escherichia coli* O157:H7 e *Salmonella enterica* Ser. Enteritidis em sumo de morango. J. Food Sci. 74 (3): M131-M137.

Diaz, J., Bernal, A., Pomar, F., Merino, F., 2001. Indução de shikimate desidrogenase e peroxidase em mudas de pimenta *(Capsicum annuum* L.) em resposta ao stress de cobre e sua relação com a lignificação. Plant Sci. 161: 179188.

Dillon, V.M.; Board, R.G.,1989. Um meio para a deteção de leveduras de ligação ao sulfito em produtos à base de carne. Lett. Appl. Microbiol. 8: 165-167.

Donsi, F., Annunziata, M., Sessa, M., Ferrari, G., 2011. Nanoencapsulação de óleos essenciais para aumentar a sua atividade antimicrobiana em alimentos. LWT-Food Sci. Technol. 44 (9): 1908-1914.

Du, W., Olsen, C., Avena-Bustillos, R., McHugh, T., Levin, C., Friedman, M., 2009. Efeitos dos óleos essenciais de pimenta da Jamaica, canela e cravinho em películas comestíveis de maçã nas propriedades físicas e actividades antimicrobianas. Food Microbiol. Saf. 74 (7): M372-M378.

Ela, M. A., El- Shaer, N. S.e Ghanem, N. B, 1996. Avaliação antimicrobiana e análise cromatográfica de alguns óleos essenciais e fixos. Pharmazie. 51: 993 -995.

Elbein AD, Pan YT, Pastuszak I, Carroll D. 2003. Novos conhecimentos sobre a trealose: Uma molécula multifuncional. Glycobiology 13(4):17R-27R.

Engel, G., Rosch, N., e Heller, K. J., 1994. Tolerância das leveduras ao calor. Kieler Milchwirtsch. Forsch. 46:81-90.

Espina, L., Somolinos, M., Ouazzou, A.A., Santiago, C., Garcia-Gonzalo, D., Pagan, R., 2012. Inativação de *Escherichia coli* O157:H7 em sumos de fruta por tratamentos combinados de óleos essenciais de citrinos e calor. Int. J. Food Microbiol. 159 (1):9-16.

Esteve-Zarzoso, B., Peris-Toran, M. J., Ramon, D., e Querol, A., 2001. Caracterização molecular de espécies de *Hanseniaspora.* A. van Leeuwenhoek 80:85-92.

Estruch, F., 2000. Factores de transcrição controlados pelo stress, genes induzidos pelo stress e tolerância ao stress em leveduras. FEMS Microbiol. Rev. 24:469-486.

Eubank, V.L. e Beuchat, L.R., 1982. Increased Sensitivity Of Heat Stressed Saccharomyces cerevisiae To Food Grade Antioxidants. Applied and Environmental Microbiology.44: 604 - 610.

Evans, D. G., Everis, L. K., e Betts, G. D., 2004. Utilização da análise de sobrevivência e de árvores de classificação e regressão para modelar o limite de crescimento/não crescimento de leveduras de deterioração como afetado pelo álcool, pH, sacarose, sorbato e temperatura. Int. J. Food Microbiol. 92:55-67.

Fabra, M.J., Talens, P., Chiralt, A., 2008. Propriedades de tração e permeabilidade ao vapor de água de filmes de caseinato de sódio contendo misturas de ácido oleico e cera de abelha. J. Food Eng. 85: 393-400.

Farag, R. S, Hewedi, F. M. e El - Baroty G. S. A.,1989. Atividade antimicrobiana de alguns óleos essenciais de especiarias egípcias. Food Protection.52 (9): 665 - 667.

Fell, I.W.; Boekhout ,T.; Fonseca, A; Scorzetii, G.; Statzell-Tallman, A.,2000. Biodiversidade e sistemática de leveduras basidiomicetas determinadas pela análise da sequência do domínio *DI/D2* da subunidade grande do rDNA. Int. *I.* Syst. Evol. Microbiol. 50: 1351-1371.

Fisher, K., Phillips, C.A., 2006. The effect of lemon, orange and bergamot essential oils and their components on the survival of *Campylobacter jejuni, Escherichia coli* O157, *Listeria monocytogenes, Bacillus cereus* and *Staphylococcus aureus* in vitro and in food systems. J. Appl. Microbiol. 101: 1232-1240.

Fleet, G.H.: Leveduras de deterioração dos alimentos. In: Yeast technology (editado por Spencer, J.F.T.; Spencer D.M.). Berlim, Alemanha, Springer Verlag , 1990: 124-166.

Fleet G. 1992. Leveduras de deterioração. CRC Cr Rev Biotechnol 12:1-44.

Fleet, G. H., 2006. *Saccharomyces* e géneros relacionados. *In*: Food Spoilage Microorganisms (Ed. Blackburn, C.W.). CRC Woodhead Publ., Cambridge, Inglaterra.306-335.

Flegel, TW.,1997. Chamemos a uma levedura uma levedura. Can. J. Microbiol. 23:945-946.

Flores, L. M., Palomar, L. S., Roh, P. A., e Bullerman, L. B., 1973. Efeito do sorbato de potássio e de outros tratamentos no conteúdo microbiano e na qualidade de conservação de um molho picante mexicano do tipo restaurante. J. Food Protect. 51:4-7.

Flores, M., Durá, M.-A., Marco, A., e Toldrá, F., 2004. Efeito de *Debaryomyces* spp. na formação de aroma e qualidade sensorial de salsichas fermentadas a seco. Meat Sci. 68:439-446.

Frazier,W.C. and Westhoff, D.C. ,1992, "Food Microbiology", 6th edition, Tata Mcgraw. Hill edition.

Friedman, M., Henika, P. R. e Mandrell, R. E. ,2002. Actividades bactericidas de óleos essenciais de plantas e alguns dos seus constituintes isolados contra Campyobacter jejuni, Escherichia coli, Listeria monocytogenes e Salmonella enterica. Food Protection. 65 (10): 1545 - 1560.

Gao, M., Feng, L., Jiang, T., 2014. Inibição do escurecimento e preservação da qualidade do cogumelo botão (*Agaricus bisporus*) por tratamento de fumigação de óleos essenciais. Food Chem. 149:107-113.

Garay-Arroyo, A., Covarrubias, A. A., Clark, I., Niño, I., Gosset, G., e Martinez, A. ,2004. Resposta a diferentes condições de stress ambiental de estirpes industriais e laboratoriais *de Saccharomyces cerevisae.* Appl. Microbiol. Biotechnol. 63:734-741.

Gardini, F., Guerzoni, M. E., e Lerici, C. R., 1973. Determinação de CO2 com o método GC para avaliar a vida útil microbiana do sistema de frutas em relação à aw e à temperatura de armazenamento. Lebensmitt.Wiss. Technol. 21:137-143.

Garza, S., Teixido, J. A., Sanchis, V., Vinas, I., e Condon, S. ,1994 Resistência ao calor de estirpes *de Saccharomyces cerevisiae* isoladas de puré de pêssego estragado. Int. J. Food Microbiol. 23:209-213.

Gasch, A. P., Spellman, P. T., Kao, C. M., Carmel-Harel, O., Eisen, M. B., Storz, G., Botstein, D., e Brown, P., 2000. Programa de expressão genómica na resposta de células de levedura a alterações ambientais. Mol. Biol. Cell. 11:42414257.

Gende, L., Floris, I., Fritz, R., Eguaras, M., 2008. Atividade antimicrobiana do óleo essencial de canela (*Cinnamon zeylanicum*) e seus principais componentes contra larvas de *Paenibacillus* da Argentina. B. Insectol. 61 (1):1-4.

Ghasem, T., Rezaei, M., 2011. Efeito do revestimento de gelatina incorporado com óleo de canela na qualidade da truta arco-íris fresca em armazenamento a frio. Int. J. Food Sci. Technol. 46 (11): 2305-2311.

Golden, D. A. e Beuchat, L. R. ,1992 Efeitos interactivos de solutos, sorbato de potássio e temperatura de incubação no crescimento, resistência ao calor e tolerância ao congelamento de *Zygosaccharomyces rouxii.* J. Appl. Bacteriol. 73:524-530.

Goñi, P., López, P., Sánchez, C., Gómez-Lus, R., Becerril, R., Nerín, C., 2009. Atividade antimicrobiana na fase de vapor de uma combinação de óleos essenciais de canela e cravinho. Food Chem. 116: 982-989.

Goñi, M.G., 2013. Aplicación de biopreservantes durante la producción primaria de lechuga manteca para asegurar la calidad higiénica. Tesis Doctoral.Programa de Postgrado en Ciencias Agrarias, Área de Agronomía, Facultad de Ciencias Agrarias, Universidad Nacional de Mar del Plata. 244.

Goñi, M.G., Tomadoni, B., Moreira, M.R., Roura, S.I., 2013. Aplicação de óleo essencial de tea tree e cravo em estágios finais de desenvolvimento de alface Butterhead: impacto na qualidade microbiológica. LWT - Food Sci. Technol. 54:107-113

Gould, G. W., 1995. "New Method of Food Preservation", 1st edição. Blackie Academic and Professional Publication, Londres.

Gould, G. W., 1996. Perspetiva da indústria sobre a utilização de antimicrobianos e inibidores naturais em aplicações alimentares. Food Protection.59: 82 - 86.

Grant, D.W., Sinclair, N.A. e Nash, G.H., 18. Fermentação de glucose sensível à temperatura na levedura psicrófila obrigatória, *Candida gelida*. Canadian Journal of Microbiology.14: 1105-1110.

Guerzoni, M. E., Gardini, F., e Duan, J. ,1990. Interações entre factores de inibição na estabilidade microbiana de sistemas à base de fruta. Int. J. Food Microbiol. 10:1-18.

Guiller Mond, A: Les levures. Paris, França: Doin et Fils ,1912.

Guillou, S., Besnard, V., El Murr, N., e Federighi, M. ,2003. Viabilidade de células *de Saccharomyces cerevisiae* expostas a eletrólise de baixa amperagem avaliada por procedimento de coloração e conteúdo de ATP. Int. J. Food Microbiol. 88:85-89.

Gutierrez, J., Barry-Ryan, C. e Bourke, P. ,2008. A eficácia antimicrobiana de combinações de óleos essenciais de plantas e interações com ingredientes alimentares. Jornal Internacional de Microbiologia Alimentar.124: (1) :91 - 97

Gutierrez, J., Barry-Ryan, C., Bourke, P., 2009. Atividade antimicrobiana de óleos essenciais de plantas utilizando meios alimentares modelo: eficácia, potencial sinérgico e interação com componentes alimentares. Food Microbiol. 26 (2):142-150.

Han, Y., Guentert, A. M., Smith, R. S., Linton, R. H., e Nelson, P. E. ,1999. Eficácia do dióxido de cloro gasoso como higienizador de tanques utilizados para o armazenamento assético de sumos. Food Microbiol. 16:53-61.

Han, J.H., Gennadios, A., 2005. Filmes e revestimentos comestíveis: A Review. Innovations in Food Packaging (Food Science and Technology International), Elsevier, Londres.

Harris, J., Cottrell, S., Plummer, S., Lloyd, D., 2001. Propriedades antimicrobianas do *Allium sativum* (alho). Appl. Microbiol. Biotechnol. 57:282-286.

Hawksworth, D.L.; Kirk, P.L.; Sutton, B.C.; Pelgler, D.N.: 1995. Dictionary of Fungi, 8th Ed., Wallingford, UK: CAB International ,1995.

Heard, G.M.; Fleet, G.H.,1986. Avaliação de meios selectivos para a enumeração de leveduras durante a fermentação do vinho. J. Appl. Bacteriol. 60 : 477-481.

Herrmann, K.J., 2009. Uma máscara facial de aromaterapia com óleo essencial. In:

Pro2 Solutions Inc. Qingdao Bestex Rubber & Plastic Products Co., Ltd., EUA.

Helander, I.M., Alakomi, H.-L., Latva-Kala, K., Mattila-Sandholm, T., Pol, I., Smid, E.J., Gorris, L.G.M., Von Wright, A., 1998. Caracterização da ação de componentes selecionados de óleos essenciais em bactérias gram-negativas. J. Agric. Food Chem. 46: 3590-3595.

Hohmann, S. ,2000. Sinalização do stress osmótico e osmoadaptação em leveduras. Microbiol. Mol. Biol. Rev. 66:300-372.

Hohmann, S. e Mager, W. H. ,2003. Yeast Stress Responses. Springer, Berlim.

Hosseini, M., Razavi, S., Mousavi, M., 2009. Propriedades antimicrobianas, físicas e mecânicas de películas à base de quitosano incorporadas com óleos essenciais de tomilho, cravo e canela. J. Food Process. Preserv. 33 (6):727-743.

Hottiger T, Boller T, Wiemken A. 1987. Alterações rápidas da tolerância ao calor e à dessecação correlacionadas com alterações do teor de trealose em células *de Saccharomyces cerevisiae* sujeitas a mudanças de temperatura. Fed Eur Biochem Soc Lett 220(1):113-5.

Hounsa C-G, Brandt EV, Thevelein J, Hohmann S, Prior BA. 1998. Role of trehalose in survival of *Saccharomyces cerevisiae* under osmotic stress (Papel da trealose na sobrevivência de *Saccharomyces cerevisiae* sob stress osmótico). Microbiol 144:671-80.

Hulankova, R., Borilova, G., Steinhauserova, I., 2013. Efeito antimicrobiano combinado do óleo essencial de orégãos e do ácido caprílico na carne picada. Meat Sci. 95:190-194.

Hurst A, Hoover DG. 2005. Nisin. In: Davidson PM, Branen AL, editores. Antimicrobials in foods. 2nd Ed. Nova Iorque Marcel Dekker.

Catálogo ISO, 2013. Organização Internacional de Normalização: 71.100.60: Óleos essenciais.

Jakobsen, M. e Narvhus, J. ,1996. As leveduras e os seus possíveis efeitos benéficos e negativos na qualidade dos produtos lácteos. Int. Dairy J. 6:755-768.

Jalali-Heravi, M., Parastar, H., Sereshti, H., 2010. Para obter mais informações a partir de dados de cromatografia gasosa-espetrometria de massa de óleos essenciais: uma visão geral da análise de componentes independentes de campo médio. J. Chromatogr. A 1217: 4850-4861.

James, S. A., Roberts, I. N., e Collins, M. D. ,1998. Heterogeneidade filogenética do género *Williopsis* revelada por sequências do gene 18S rRNA. Int. J. Syst. Bacteriol. 48:591-596.

James, S. A. e Stratford, M. ,2003. Leveduras de deterioração com ênfase no género *Zygosaccharomyces. In:* Yeasts in Food: Beneficial and Detrimental Aspects (eds. Boekhout, T. e Robert, V.). Behr's Verlag, Hamburgo.171-191.

Jarvis, B.; Williams,AP.,1997. Métodos de deteção de fungos em alimentos e bebidas. In: Food andBeverage Mycology (editado por Beuchat, L.R.) 2ndEd. Nova Iorque, E.U.A.: Van Rostrand .599-636.

Jenkins, P., Poulos, P. G., Cole, M. B., Vandeven, M. H., e Legan, J. D. ,2000. A fronteira para o crescimento de *Zygosaccharomyces bailii* em produtos acidificados descrita por modelos para o tempo de crescimento e a probabilidade de crescimento. J. Food Protect. 63:222-230.

Johnson, M.G. e Vaughn, R.H. ,1969. Morte de Salmonella typhimurium e Escherichia coli na presença de alho e cebola desidratados recentemente reconstituídos. Microbiologia Aplicada.!? 903-905.

Jerminsi, M. F. G., Geigen, O., e Schmidt-Lorenz, W. ,1997. Deteção, isolamento e identificação de leveduras osmotolerantes em produtos com elevado teor de açúcar. J. Food Protect. 50:468-472.

Jerminsi, M. F. G. e Schmidt-Lorenz, W.,1987a.Crescimento de leveduras osmotolerantes a diferentes valores de atividade da água. J. Food Protect. 50:404-440.

Jiranek, V.; Langrldge, P.; Henschke:, A.,1997.Validação de meios indicadores contendo bismuto para prever o potencial de produção de H2S das leveduras de vinho *Saccharomyces cerevisiae* em condições enológicas. Am. J. Enol. Vitic. 46:269-273.

Jones, M. V., Johnson, M. D., e Herd, T. M. ,1991. Sensibilidade das células vegetativas e dos ascósporos de leveduras ao biocida e ao stress ambiental. Lett. Appl. Microbiol. 12:254-257.

Juven, B. J., Kanner, J., e Weisslowicz, H. ,1978. Influência da composição do sumo de laranja na resistência térmica das leveduras de deterioração. J. Food Sci. 43:1074-1076, 1080.

Kalantari, F., Barzegar, M., Hamidi-Esfahani, Z., 2012. Controlo do crescimento *de Aspergillus flavus* em pasta de tomate por *Cinnamomum zeylanicum* e *Origanum vulgare* L. Essential Oils, vol. 66. Academia Mundial de Ciência, Engenharia e Tecnologia. 64-68.

Kalathenos, P., Baranyi, J., Sutherland, J. P., e Roberts, T. A. ,1995. Um estudo de superfície de resposta sobre o papel de alguns factores ambientais que afectam o crescimento de *Saccharomyces cerevisiae.* Int. J. Food Microbiol. 25:63-74.

Katz, T., Miller, J., Hebert, A., 2008. Repelentes de insectos: perspectivas históricas e novos desenvolvimentos. J. Am. Acad. Dermatol. 58:865-871.

Katusui, N., Tsuchido, T., Takano, M.e Shibasaki, I. ,1983. Viabilidade de células de microrganismos submetidas a stress térmico influenciada pela temperatura de pré-incubação e pós-incubação. Bacteriologia Aplicada. 53:103-108.

Kendrick, B.,1993. Leveduras e fungos semelhantes a leveduras - novos conceitos e novas técnicas. Stud. Mycol.30:479-486.

Kim, J.-G., Yousef, A. E., e Dave, S. ,1999. Aplicação do ozono para melhorar a segurança microbiológica e a qualidade dos alimentos: uma revisão. J. Food Protect. 62:1071-1087.

King, A.D. JR; Pitt, J.I.; Beuchat, L.R.; Corry, J.E.L. (editores): Methods for the mycological examinsation of food. Nova Iorque, E.U.A.: Plenum ,1986.

Kirsop, B. N. e Brocklehurst, T. F. ,1982. A deterioração de saladas delicatessen à base de maionese. Process Biochem. 17(9/10):9-11, 14.

Kish, S.; Sharf, R; Margalith, P.,1983. Uma nota sobre um meio seletivo para leveduras de vinho. Appl. Bacteriol. 55 : 177-179.

Klaushofer, H., Hollaus, F., e Pollach, G. ,1985. Microbiologia do fabrico de açúcar de beterraba. Process Biochem. 6(6):39-41.

Kobatake, M. e Kurata, H. (1980a) Contaminação por leveduras em mariscos crus refrigerados. J. Food Hyg. Soc. Japan 21:197-206.

Kobatake, M. e Kurata, H. (1983b) Actividades proteolíticas e lipolíticas de leveduras psicrófilas e psicrotróficas isoladas de alimentos domésticos refrigerados e mariscos crus. J. Food Hyg. Soc. Japan 24:532-539.

Koburger, J. A. 1971. Fungos nos alimentos. II. Algumas observações sobre os acidulantes utilizados para ajustar o pH do meio para a contagem de leveduras e bolores. J. Milk Food Technol. 34:475477.

Kordali, S., Kotan, R., Mavi, A., Cakir, A., Ala, A., Yildirim, A., 2005. Determinação da composição química e da atividade antioxidante do óleo essencial de *Artemisia dracunculus* e das actividades antifúngicas e antibacterianas dos óleos essenciais turcos de Artemisia absinthium, *A. dracunculus, Artemisia santonicum,* e *Artemisia spicigera*. J. Agric. Food Chem. 53 (24): 9452-9458.

Kordsardouei, H., Barzegar, M., Sahari, M.A., 2013. Aplicação de óleos essenciais de *Zataria multiflora* Boiss. e *Cinnamon zeylanicum* como dois conservantes naturais em bolo. Avicenna J. PhytomEd. 3 (3):238-247.

Kreger-van Rij, N. J.W. (Ed.) ,1984. The Yeast, a Taxonomic Study, 3rd Ed. Elsevier, Amesterdão.

Kreger-Van Rij, N.J.W.,1997. Classificação das leveduras. In: The yeasts, VoL 1, 2 "d Ed. (editado por Rose, AH.; Harrison, J.S.). Londres, Reino Unido: Academic Press. 561.

Krisch, J., Tserennadmid, R., Vágvolgyi, C., 2011. Óleos essenciais contra leveduras e bolores que causam a deterioração dos alimentos. In: Vilas, M. (Ed.), Science against Microbial Pathogens: Comunicar a investigação atual e os avanços tecnológicos. FORMATEX. 1135-1142.

Krishnamoorthy, B., Rema, J., 2004. Pimenta da Jamaica. In: Peter, K.V. (Ed.), Handbook of Herbs and Spices. Woodhead Publishing Limited, Abington Hall, Abington Cambridge CB1 6AH, Inglaterra.

Kubo I, Lee SH, Ha TJ. 2005. Efeito do EDTA sozinho e em combinação com poligodial no crescimento de *Saccharomyces cerevisiae.* J Agr Food Chem 53:1818-22.

Kunicka-Styzynska A. 2011. Atividade dos óleos essenciais contra as leveduras que estragam os alimentos. Uma revisão. Flavour Frag J 26:326-8.

Kurtzman CP, Rogers R, Hesseltine CW. 1971. Microbiological spoilage of mayonnaise and salad dressings. App Microbiol 28(5):870-4.

Kurtzman, C.P.; Robnett, C.J.,1995: Molecular relationships among hyphal ascomycetous yeasts and yeastlike taxa. Can. J. Bot. 73: S824-S830.

Kurtzman, C.P.; Robnett, C.J.,1997: Identificação de leveduras ascomicetas clinicamente importantes com base na divergência de nucleótidos na extremidade 5' do gene do ADN ribossómico da subunidade grande (26S). J. Clin. MicrobioL 35:1216-23.

Kurtzman, C. P. e Fell, J.W. (eds.) ,1998. The Yeasts, a Taxonomic Study, 4th Ed. Elsevier, Amesterdão.

Kurtzman, C.P.; Robneit, C.J.,1998. Identificação e filogenia de leveduras ascomicetas a partir da análise de sequências parciais de DNA ribossómico nuclear de subunidade grande (26S). Antonie van Leeuwenhoek. 73: 331-71.

Kurtzman, C. P. (2006a) Métodos de deteção, identificação e enumeração de leveduras de deterioração. *In:* Food Spoilage Microorganisms (Ed. Blackburn, C. W.). CRC Woodhead Publ., Cambridge, Inglaterra. 28-54.

Lambert, R.J.W., Skandamis, P.N., Coote, P., Nychas, G.-J.E., 2001. A study of the minsimum inhibitory concentration and mode of action of oregano essential oil, thymol and carvacrol. J. Appl. Microbiol. 91: 453-462.

Lee, S.S., Robinson, F. M. e Wang, H.Y. (1981). Determinação rápida da viabilidade de leveduras. Simpósio de Biotecnologia e Bioengenharia. 11: 641-649.

Leistner, L. ,1992 Conservação de alimentos por métodos combinados. Food Res. Int. 25:151158.

Leistner, L. ,2000. Aspectos básicos da conservação de alimentos através da tecnologia de obstáculos. Int. J. Food Microbiol. 55:181-186.

Leive L. 1965. Libertação de lipopolissacárido por tratamento com edta de *E. coli.* Bioch Bioph Res Co 21(4):290-6.

Lin, C., Yu, C., Wu, S., Yih, K., 2009. DPPH free-radical scavenging activity, total phenolic contents and chemical composition analysis of forty-two kinds of essential oils. J. Food Drug Anal. 17 (5):386-395.

Lindroth, S. E., Korkeala, H. J., Suihko, M. K., Aalto, M. J., Kuhmonen, A. A., e Penttila, P.-L. ,1985. Alterações microbiológicas e sensoriais da qualidade da caçarola de couve e da salada mista de legumes com maionese durante o armazenamento. J. Food Protect. 48:292-299.

Lipke, P.N. e Ovaile, R. ,1998. Arquitetura da parede celular em leveduras: Nova estrutura e novos desafios. J Bacteriol. 180 (15).

Lis-Balchin, M.T., 2004. Alfazema. Em: Peter, K.V. (Ed.), Handbook of Herbs and Spices. Woodhead Publishing Limited, Abington Hall, Abington Cambridge CB1 6AH, Inglaterra.

Lodder, J.: The yeasts, a taxonomic study, 2nd Ed. Amesterdão, Países Baixos: North-Holland Publ. Compo (1970).

Lopez-Malo, A., Guerrero, S., e Alzamora, S. M. ,1999. Cinética de inativação térmica de *Saccharomyces cerevisiae* combinada com ultra-sons. J. Food Protect. 62:1215-1217.

Lopez-Malo, A. e Palou, E. ,2000. Modelação da interface crescimento/não crescimento de *Zygosaccharomyces bailii* em puré de manga. J. Food Sci. 63:516-

520.

Lopez-Malo, A., Barreto-Valdivieso, J., Palou, E., San Martín, F., 2007. Resposta do crescimento de *Aspergillus flavus* a misturas de extrato de canela e benzoato de sódio. Food Control 18:1358-1362.

Loureiro V. 2003. Leveduras de deterioração na indústria vinícola. Int J Food Microbiol 86(1- 2):23-50.

Loureiro V, Malfeito-Ferreira M. 2003. Leveduras na deterioração. 5530-7.

Loureiro, V. e Malfeito-Ferreira, M. ,2006. *Dekkera/Brettanomyces* spp. *In*: Food Spoilage Microorganisms.(Ed. Blackburn, C.W.). CRC Woodhead Publ. Cambridge, Inglaterra. 354-398.

Luque de Castro, M.D., Jimenez-Carmona, M.M., Fernandez-Perez, V., 1999. Para técnicas mais racionais de isolamento de óleos essenciais valiosos de plantas. Tendências Anal. Chem. 18 (11):708-716.

Madan, M. e Gulati, N. (1980) Flora de leveduras de alguns frutos secos. Microbios Lett. 15(58):73-75.

Maimer, E. e Busse, M. ,1992 Propriedades de crescimento e formação de gás por leveduras isoladas de frutos processados em meios com vários valores brix e teores de ácido sórbico. J. Food Protect. 55:192-197.

Malhotra, S.K., 2004. Especiarias de sementes de Minsor 1-ajowan, endro, aipo e anis. In: Ravindran, P.N. (Ed.), Fifty Years of Spices Research in India. IISR, Calicute, Índia.

Manso, S., Nerin, C., Gomez-Lus, R., 2011. Atividade antifúngica do óleo essencial de canela *(Cinnamon zeylanicum),* orégano *(Origanum vulgare)* e éster etílico de lauramida argina (LAE) contra o fungo *Aspergillus flavus* Cect 2949. Ital. J. Food Sci. Technol. Edição especial SLIM'10 : 174-178.

Mantis, A. J., P. G. Karaioannoglou, G. P. Spanos, e A. G. Panetsos. ,1978. O efeito do extrato de alho na intoxicação alimentar em meios de cultura. I. Staphylococcus aureus. Lebensm Wiss. Technol. 11:26-28.

Marino, M., Bersani, C. e Comi, G. ,1999. "Atividade antimicrobiana de óleos essenciais de Thymus Vulgar Medida através de um método bipedométrico". Proteção Alimentar. 62. (1): 1017- 1023.

Martorell, P., Fernandez-Espinar, M. T., and Querol, A. ,2005 Sequence-based identification of species belonging to the genus *Debaryomyces*. FEMS Yeast Res. 5:1157-1165.

Maruzzella, J. C.e Lichtenstein, M. B. ,1956. A atividade antibacteriana invitro dos óleos essenciais. Associação Americana de Farmácia.45: 378.

Maruzzella, J. C.e Liguori, L. (1958). A atividade antibacteriana invitro de óleos essenciais. Associação Americana de Farmácia.47: 250.

Maruzzella, J. C.e Sicurella, N. A (1960). Atividade antibacteriana dos vapores de óleos essenciais. Associação Americana de Farmácia. 49: 692.

Mattila-Sandholm, T. e Wirtanen, G. ,1992 Formação de biofilme na indústria: uma revisão. Food Rev. Int. 8:573-603.

May, C.D., 1 de julho de 1998. Como a Coca-Cola obtém sua Coca. The New York Times. http://www.nytimes.com/1988/07/01/business/how-coca-colaobtains-its-coca.html (Recuperado em 9 de agosto de 2013).

Mélanie Turgis, Jaejoon Han, Stephane Caille e Monique Lacroix,2009. "Atividade antimicrobiana do óleo essencial de mostarda contra Escherichia coli O157:H7 e Salmonella typhi". Food Control, vol 20(12):1073-1079.

Mello, S., Cunha, A., Neudí, G., Luiz, F., Werneck, C., 2012. Composição química e atividade antimicrobiana de óleos essenciais de ervas selecionadas cultivadas no sul do Brasil contra deterioração de alimentos e patógenos de origem alimentar. Cienc. Rural 42 (7): 1300-1306.

Meena, MR.e Sethi, V. ,1994. Atividade antimicrobiana de óleos essenciais de especiarias. Ciência e Tecnologia Alimentar. 31 (1): 68 -70.

Membré, J.-M., Kubaczka, M., e Chéné, C. ,1999. Efeitos combinados do pH e do açúcar na taxa de crescimento de *Zygosaccharomyces rouxii,* uma levedura de deterioração de produtos de panificação. Appl. Environ. Microbiol. 65: 4921-4925.

Mendonça-Hagler, L. C., Hagler, A. N., e Kurtzman, C. P. ,1993 Filogenia de espécies de *Metschnikowia* estimada a partir de sequências parciais de rRNA. Int. J. Syst. Bacteriol. 43:368-373.

Menegazzi, G.S., Ingledew. W.M (1980). Processamento térmico de levedura de cerveja gasta. Ciência dos Alimentos. 45: 182 - 186.

Michalak, A., 2006. Compostos fenólicos e sua atividade antioxidante em plantas que crescem sob stress de metais pesados. Pol. J. Environ. Stud. 15 (4): 523-530.

Millet, V. e Lonvaud-Funel, A. ,2000. O estado viável mas não cultivável dos microrganismos do vinho durante a armazenagem. Lett. Appl. Microbiol. 30:136-141.

Misharina, T., Terenina, M., Krikunova, N., 2009. Antioxidant properties of essential oils (Propriedades antioxidantes dos óleos essenciais). Appl. Biochem. Microbiol. 45 (6):642-647.

Mollapour M, Piper PW. 2001. O gene *ZBYME2* da levedura de deterioração alimentar *Zygosaccharomyces bailii* confere não só funções *YME2* em *Saccharomyces cerevisiae,* mas também a capacidade de catabolismo de sorbato e benzoato, dois importantes conservantes de ácidos orgânicos fracos. Mol Microbiol 42(4):919-30.

Moore, T. ,1972. *Ustomycota,* uma nova divisão dos fungos superiores. A van Leeuwenhoek 38:567-582.

Moore, R. T. ,1996. Um inventário do filo Ustomycota. Mycotaxon 59:1-31.

Moreira, M., Ponce, A., del Valle, C., Roura, S., 2005. Parâmetros inibitórios de óleos essenciais na redução de um agente patogénico de origem alimentar. Lebensm. Wiss. Technol. 38: 565-570.

Moreira, M., Ponce, A., del Valle, C., Roura, S., 2007. Efeitos dos óleos de cravinho e de árvore de chá na *Escherichia coli* O157:H7 em espinafres escaldados e em carne de vaca mini-cozinhada. J. Food Process Preserv. 31:379-391.

Morten, H., Tina ,M. e Rikke L. M. ,2012.Essential oils in food preservation: mode of action, synergies, and interactions with food matrix components. Front Microbiol. 3: 12.

Motoyoshi, K., Toyoshima, Y., Sato, M., Yoshimura, M., 1978. Estudos comparativos sobre a irritação de óleos cosméticos na pele de coelho, cobaia, rato, suíno miniatura e homem. J. SCCJ 12:31-38.

Muriana PM, Kanach L. 1995. Uso de nisaplina para inibir bactérias deteriorantes em molho ranch de leitelho. J Food Protect 58(10): 1109-13.

Muys, G. T. ,1985. Segurança microbiana em emulsões. Process Biochem. 6(6):25-28.

Nash, C. H. e Sinclair, N.A. ,1968. Lesão térmica e morte numa levedura psicrófila obrigatória Candida nivalis. Canadian Journal of Microbiology.14: 691 - 697.

Nash, C. H. e Grant, D.W. ,1969.Thermal stability of ribosomes from a psychrophilic and mesophilic yeast. Canadian Journal of Microbiology.15: 1116-1118.

Naumov, G. I., James, S. A., Naumova, E. S., Louis, E. J., e Roberts, I. N. ,2000. Três novas espécies do complexo *Saccharomyces sensu stricto*. Int. J. Syst. Evol. Microbiol. 50:1931-1942.

Noudogbessi, J.P., Yedomonhan, H., Alitonou, G.A., Chalard, P., Figueredo, G., Adjalian, E., Avlessi, F., Chalchat, J.C., Sohounhloue, D.C.K., 2012. Caraterísticas físicas e composições químicas dos óleos essenciais extraídos de diferentes partes de *Siphonochilus aethiopicus* (Schweinf.) B. L. Burtt (Zingiberaceae) colhidas no Benim. J. Chem. Pharm. Res. 4 (11): 4845-4851.

Nelson, F. E. 1972. O pH do meio de plaqueamento como fator de sobrevivência aparente de leveduras sujeitas a stress subletal. Appl. Microbiol. 24:236 - 239.

Nerio, L.S., Olivero-Verbel, J., Stashenko, E., 2010. Atividade repelente dos óleos essenciais: uma revisão. Bioresour. Technol. 101:372-378.

Neumayr, L., Heyderhof, G., e Kramer, J. ,1989. Diferenças na resistência entre células vegetativas e ascósporos de estirpes de leveduras selecionadas contra desinfectantes com base em biguanidas, ácido peracético e compostos de amónio quaternário. Levedura 5:S17-S22.

Nguefack, J., Tamgue, O., Dongmo, J. B. L., Dakole, C. D., Leth, V., Vismer, H. F., Amvam Zollo, P. H.e Nkengfack, A. E. ,2012. Ação sinérgica entre fracções de óleos essenciais de Cymbopogon citratus, Ocimum gratissimum e Thymus vulgaris contra Penicillium expansum. Controlo Alimentar 23: 377-383

Nguyen-The, C. e Carlin. F. ,1994 The microbiology of minsimally processed fresh fruits and vegetables. CRC Crit. Rev. Fd. Sci. Nutr. 34:371-401.

Nguyen, H.-V. and Gaillardin, C. ,2005 Relações evolutivas entre a antiga espécie *Saccharomyces uvarum* e os híbridos *Saccharomyces bayanus* e *Saccharomyces pastorianus;* Restabelecimento de *Saccharomyces uvarum* (Beijerinck) como espécie distinta. FEMS Yeast Res. 5:471-483.

Noorizadeh, H., Farmany, A., Noorizadeh, M., 2011. Análise quantitativa das relações estrutura-retenção do índice de retenção de óleos essenciais. Quim. Nova

34: 242-249.

Oberwinkler, F.,1997.Heterobasidiomycetes com estádios ontogenéticos de levedura - aspectos sistemáticos e filogenéticos. Stud. Mycol. 30: 61-74.

Oda, Y. e Ouchi, K. ,2000. *Saccharomyces*. *In:* Encyclopedia of Food Microbiology, Vol. 3 (eds. Robinson, R. K., Batt, C. A., e Patel, P. D.). Academic Press, Londres. 1907-1913.

Ogden K. 1987. Limpeza de leveduras contaminadas com nisn. J Indust Brew 93:302-7.

Ogletree, F.P.; Abdelal, A.T.; Ahearn, D.G.,1978. Formação de tubos germinativos por estirpes atípicas de *Candida albicans*. Antonie van Leeuwenhoek 44: 15-24.

Ohlsson, T. ,1994 Métodos de conservação de processamento mínimo do futuro: uma revisão. Trends Food Sci. Technol.5(12):341-344.

Okunola, C.O., Okunola, A.A., Abulude, F.O., Ogunkoya, M.O., 2007. Qualidades organolépticas do milho e do feijão-frade armazenados com alguns óleos essenciais. African Crop Science Conference Proceedings, El-Minsia, Egito, vol. 8: 2113-2116.

Olmedo, R.H., Nepote, V., Nelson, R., Grosso, N.R., 2013. Preservação de propriedades sensoriais e químicas em queijo aromatizado preparado com base de queijo creme usando óleos essenciais de orégano e alecrim. LWT-Food Sci. Technol. 19.

Omidbeygi, M., Barzegar, M., Hamidi, Z., Naghdibadi, H., 2007. Atividade antifúngica dos óleos essenciais de tomilho, segurelha e cravinho contra *Aspergillus xavus* em meio líquido e pasta de tomate. Controlo Alimentar 18:1518-1523.

Onishi, H. ,1963. Leveduras osmofílicas. Advan. Food Res. 12:53-94.

Onishi, H. ,1990. Leveduras em alimentos fermentados. *In*: Yeast Technology (eds. Spencer, J. F. T. e Spencer, D. M.). Springer Verlag, Berlim. 167-198.

Orszaghova, V. e Kieslingerova, N. ,1984. Problemas relacionados com a microflora dos produtos de confeitaria. *In*: Microbial Associations and Interactions in Food (eds. Kiss, I., Deak, T., and Incze, K.). Akademiai Kiado, Budapeste.265-270.

Parish, M. E., Beuchat, L. R., Suslow, T. V., Harris, L. J., Garrett, E. H., Farber, J. N., e Busta, F. F. ,2003. Métodos para reduzir/eliminar agentes patogénicos de produtos frescos e cortados. Compr. Rev. Food Sci. Food Safety 2(Suppl):161-173.

Payne KD, Oliver SP, Davidson PM. 1994. Comparação de EDTA e apolactoferrina com lisozima no crescimento de bactérias patogénicas e de deterioração de origem alimentar. J Food Protect 57(1):62-5.

Peter KV. 2001. Handbook of herbs and spices (Manual de ervas aromáticas e especiarias). Boca Raton, FLCambridge: CRC Press Woodhead Pub.

Petersen, K. M., Westall, S., e Jespersen, L. ,2002. Sucessão microbiana de estirpes *de Debaryomyces hansenii* durante a produção de queijos dinamarqueses curados à superfície. J. Dairy Sci. 85:478-486.

Petersen, K. M. e Jespersen, L. ,2004. Diversidade genética da espécie *Debaryomyces hansenii* e utilização do polimorfismo cromossómico para a tipagem de estirpes isoladas de queijos curados à superfície. J Appl. Microbiol. 97:205-213.

Pinto,E., Vale-Silva, L., Cavaleiro,C.e Salgueiro, L.,1984. Atividade antifúngica do óleo essencial de cravinho de Syzygium aromaticum sobre espécies de Candida, Aspergillus e dermatófitos. Microbiol. 58: 1454-14

Piper P, Calderon CO, Hatzixanthis K, Mollapour M. 2001. Adaptação a ácidos fracos: A resposta ao stress que confere às leveduras resistência aos conservantes alimentares de ácido orgânico. Microbiol 147:2635-42.

Pitt J.I., Hocking AD. 2009a. Leveduras.357-82.

Pitt J.I., Hocking AD. 2009b. Leveduras. Fungi and food spoilage. Boston, MA: Springer-Verlag US.

Pitt, J. I. e Richardson, K. C. ,1973. Deterioração por leveduras resistentes a conservantes. CSIRO Food Res. Q.33:80-85.

Pitt, J. I. e Hocking, A. D. ,1973. Problemas com leveduras resistentes a conservantes. Microbiol. Aliment. Nutr.6:19-24.

Ponce, A.G., Fritz, R., Del Valle, C.E., Roura, S.I., 2003. Atividade antimicrobiana de óleos essenciais na população microbiana nativa de acelgas biológicas. LWT - Food Sci. Tech. 36:679-684.

Ponce, A., del Valle, C., Roura, S., 2004. Prazo de validade de vegetais de folha tratados com óleos essenciais naturais. J. Food Sci. 69:550-556.

Ponce, A.G., Roura, S.I., Del Valle, C., Moreira, M.R., 2008. Actividades antimicrobiana e antioxidante de revestimentos comestíveis enriquecidos com extractos naturais de plantas: estudos *in vitro* e *in vivo*. Postharvest Biol. Technol. 49:294-300.

Ponce, A., Roura, S., Moreira, M., 2010. Impacto das oleorresinas de orégãos e alecrim na microflora nativa e no crescimento de *E. coli* O157:H7 em cenouras fatiadas e raladas. Food Prot. Food Prot. Trends 30:404-411.

Ponce, A., Roura, S., Moreira, M., 2011. Óleos essenciais como biopreservantes: diferentes métodos para a aplicação tecnológica em folhas de alface. J. Food Sci. 76:34-40.

Poncini, L. e Wimmer, F. L. ,1986. Caracterização de leveduras (Blastomycetes) em alguns méis de Fiji. Ata Aliment. Polónica 12:143-151.

Praphailong W, Fleet GH. 1997. O efeito do pH, cloreto de sódio, sacarose, sorbato e benzoato no crescimento de leveduras de deterioração alimentar. Food Mircobiology 14:459-68.

Pulvirenti, A., Nguyen, H.-V., Caggia, C., Giudici, P., Raineri, S., e Zambonelli, C. ,2000. *Saccharomyces uvarum,* uma espécie própria de *Saccharomyces sensu stricto.* FEMS Microbiol. Lett. 192:191-196.

Put, H.M.C., Dejong, J., Sand, F.E.M.J.e Van Grinsven, A. M. ,1976. Estudos de resistência ao calor em espécies de leveduras que causam a deterioração de refrigerantes. Bacteriologia Aplicada. 40:135.

Put, H. M. C. e De Jong, J. (1980) A resistência ao calor de leveduras selecionadas que causam a deterioração de refrigerantes enlatados e produtos de fruta. *In:* Biology and Activity of Yeasts (eds. Skinner, F. A., Passmore, S. M., e Davenport, R. R.). Academic Press, Londres.181-213.

Put, H. M. C. e De Jong, J. ,1982a. A resistência ao calor dos ascósporos de quatro *Saccharomyces* spp. isolados de refrigerantes e produtos de fruta estragados processados pelo calor. J. Appl. Bacteriol. 52:235-244.

Put, H. M. C. e De Jong, J. ,1982b. Estudos de resistência ao calor em leveduras - células vegetativas versus ascósporos - inibição da esporulação por eritromicina em espécies de *Kluyveromyces* e *Saccharomyces*. J.Appl. Bacteriol.53:73-79.

Quiros, M., Martorell, P.,Valderrama, M.-J., Querol, A., Peinado, J. M., e de Siloniz, M.-I.,2006. Análise PCR-RFLP da região IGS do rDNA: uma ferramenta útil para a discriminação prática entre espécies do género *Debaryomyces.* A. van Leeuwenhoek 90:211-219.

Raineri, S., Zambonelli, C., Hallsworth, J. E., Pulvirenti, A., e Giudici, P. ,1999. *Saccharomyces uvarum:* um grupo distinto dentro de *Saccharomyces sensu stricto.* FEMS Microbiol. Lett. 177:177-185.

Raineri, S., Zambonelli, C., e Kaneko, Y. ,2003. *Saccharomyces sensu stricto:* sistemática, diversidade genética e evolução. J. Biosci. Bioeng. 96:1-9.

Rale, V.B.; Vakil, J.R..1984: Uma nota sobre um ágar molibdato melhorado para o isolamento seletivo de leveduras de frutos tropicais. 1. Appl. Bacteriol. 56: 409413.

Ramos, J. P., Valente, P., Hagler, A. N., e Leoncini, O. ,1998. Análise de restrição da região ITS para caraterização de espécies de *Debaryomyces*. J. Gen. Appl. Microbiol. 44:399-404.

Ranasinghe, L., Jayawardena, B., Abeywiwickrama, K., 2005. Uma estratégia integrada para controlar a podridão pós-colheita da banana Embul, combinando óleos essenciais com embalagem em atmosfera modificada. Int. J. Food Sci. Technol. 40 (1): 97-103.

Raso, J. e Barbosa-Cánovas, G. ,2003. Conservação não térmica de alimentos utilizando técnicas combinadas de processamento. Crit. Rev. Food Sci. Nutr. 43:265-285.

Raso J., Calderón, M. L., Góngora, M., Barbosa-Cánovas, G. V., e Swanson, B. G. (1998a) Inativação de *Zygosaccharomyces bailii* em sumos de fruta por calor, pressão hidrostática elevada e campos eléctricos pulsados. J. Food Sci. 63:10421044.

Raso, J., Pagán, R., Condón, S., e Sala, F. J. (1998b) Influência da temperatura e da pressão na letalidade dos ultra-sons. Appl. Environ. Microbiol. 64:465-471.

Regnault-Roger, C., Hamraoui, A., Holeman, M., Theron, E., Pinel, R., 1993. Efeito inseticida de óleos essenciais de plantas mediterrânicas sobre

Acanthoscelides obtectus Say (Coleoptera, Bruchidae), uma praga do feijão-miúdo *(Phaseolus vulgaris* L.). J. Chem. Ecol. 19 (6):1233-1244.

Reichart, O. e Mohácsi-Farkas, C. ,1994 Modelação matemática do efeito combinado da atividade da água, pH e potencial redox na destruição do calor. Int. J. Food Microbiol. 24:103-112.

Reyes-Jurado, F., 2013. Atividade antifúngica de óleos essenciais de orégano mexicano e canela na fase de vapor (tese de mestrado). Universidad de las Americas Puebla, México.

Roller S, Kiskó G. 2012. Atividade de antimicrobianos naturais contra *Zygosaccharomyces lentus*. Ata Alimentaria 41(0):104-8.

Romano, P. e Suzzi, G. ,1985. Sensibilidade de células vegetativas e esporos *de Saccharomyces cerevisiae* a compostos antimicrobianos. J. Appl. Bacteriol. 59:299-302.

Roth, K. ,1969.The Heat resistance of vegetative and sporulating yeast cells. Das Erfrischungsgetrank. 22:1079.

Rozin, E., Rozin, P., 1981. Temas e variações culinárias. Nat. Hist. 90:6-14.

Rubén, O., Valeria, N., Nelson, G., 2012. Óleos essenciais de aguaribay e cedro como antioxidantes naturais em amendoim torrado e salgado. J. Am. Oil Chem.Soc. 89 (12): 2195-2205.

Sadaka, F., Nguimjeu, C., Brachais, C.-H., Vroman, I., Tighzert, L., Couvercelle, J.-P., 2013. Revisão sobre embalagens antimicrobianas contendo óleos essenciais e suas biomoléculas activas. Innovative Food Sci. Emerg. Technol.

Salian, S. S. ,2004. Estudo de leveduras osmofílicas isoladas de compota de fruta estragada e sua aplicação na produção de poliol. Dissertação de Mestrado. Tese de Mestrado. Universidade de Mumbai.

Salo, S. e Wirtanen, G. ,2005 Eficácia de desinfectantes em estirpes de leveduras de deterioração de origem alimentar. Food Bioprod. Process. 83(C4):288-296.

Saxena, A. P. e Vyas. K. M. ,1986. Atividade antimicrobiana de sementes de plantas etnomedicinais. J. Econ. Taxon. Bot. 8: 291- 299.

Schenberg - Franscino, A. ,1972. Efeito letal e mutagénico da temperatura elevada em leveduras haplóides. Molecular General Genetics.117: 239 - 253.

Scott, V. N. e Bernard, D. T. ,1985. Resistência da levedura ao calor seco. J. Food Sci. 50:1754-1755.

Scollard, J., Francis, G.A., O'Beirne, D., 2013. Alguns efeitos anti-listeriais convencionais e latentes de óleos essenciais, ervas, cenoura e repolho em sistemas de vegetais frescos cortados. Postharvest Biol. Technol. 77: 87-93.

Sellar, W., 2001. The Diretory of Essential Oils (Reprint Ed.). Essex: The C.W. Daniel Company, Ltd, ISBN: 0-85207-346-1.

Senanayake Upali M, Terence H Lee, Ronald BH Wills. Volatile constituents of cinnamon (Cinnamomum zeylanicum) oils. Jornal de química agrícola e alimentar, 26, 1978: 822-824.

Sharma, S.e Tauro,P. ,1997. Deteção e caraterização bioquímica de leveduras produtoras de etanol rápidas e lentas. 3: 115 - 160.

Sherman, P.W., Billing, J., 1999. Darwinian gastronomy: why we use spices. BioScience 49: 453-463.

Sillje, H. H. W., Paalman, J. W. G., ter Schure, E. G., Olsthoorn, S. Q. B., Verkleij, A. J., Boonstra, J., e Verrips, C. T. ,1999. Função da trealose e do glicogénio na progressão do ciclo celular e na viabilidade celular em *Saccharomyces cerevisiae.* J. Bacteriol. 181:396-400.

Sipiczki, M., Romano, P., Capece, A., e Paraggio, M. ,2004. Segregação genética de estirpes naturais de *Saccharomyces cerevisiae* provenientes da fermentação espontânea do vinho Aglianico. J. Appl. Microbiol. 96:1169-1175.

Skaar, I.; Stenwio, H.,1996. Ágar de sacarose com extrato de levedura de malte, um meio adequado para a contagem e o isolamento de fungos da silagem. AppL Environ. MicrobioL 62: 3614-3619.

Smittle, R. B. ,1977a. Influência do pH e do cloreto de sódio no crescimento de leveduras isoladas de produtos alimentares de elevada acidez. J. Food Sci. 42:1552-1553.

Smittle, R. B. ,1977b. Microbiologia da maionese e dos molhos para salada: uma revisão. J. Food Prot. 40:415-422.

Smittle, R. B. e Flowers, R. S. ,1982. Microrganismos tolerantes ao ácido envolvidos na deterioração de molhos para salada.J. Food Protect. 45:977-983.

Smits, G. J. e Brul, S. ,2005 Tolerância ao stress em fungos - para matar uma levedura de deterioração. Curr. Opin. Biotechnol. 16:225-230.

Snowdon, J. A. e Cliver, D. O. ,1996. Microorganismos no mel. Int. J. Food Microbiol. 31:1-26.

Sofos J.N., Busta F.F. 1993. Ácido sórbico e sorbatos. In: Davidson PM, Branen AL, editores. Antimicrobials in foods. 2nd Ed. Nova Iorque: Marcel Dekker.

Sokmen, M., Serkedjieva, J., Daferera, D., Gulluce, M., Polissiou, M., Tepe, B., Akpulat, H.A., Sahin, F., Sokmen, A., 2004. Actividades antioxidantes, antimicrobianas e antivirais in vitro do óleo essencial e de vários extractos de partes de plantas e culturas de calos de *Origanum acutidens.* J. Agric. Food Chem. 52 (11): 3309-3312.

Sprensen, B. B. e Jakobsen, M. ,1997. Os efeitos combinados da temperatura, pH e NaCl no crescimento de *Debaryomyces hansenii* analisados por citometria de fluxo e microbiologia preditiva. Int. J. Food Microbiol. 34:209-220.

Splittstoesser, D. F., Leasor, S. B., e Swanson, K. M. J. ,1986. Efeito da composição dos alimentos na resistência ao calor dos ascósporos de levedura. J. Food Sci. 51:12651267.

Storgards, E., Hartwall, P., Saleva, R., e Suihko, M.-L. ,2006. Fixação microbiana e formação de biofilme em fábricas de engarrafamento de cerveja. J. Am. Soc. Brew. Chem. 64:8-15.

Stecchini, M. e Beuchat, L. R. ,1985. Efeitos dos açúcares nos meios de cultura, diluentes e meios de contagem na sobrevivência e recuperação de *Saccharomyces cerevisiae* aquecida em puré de pêssego. Food Microbiol. 2:85-95

Stevenson, K. E. e Richard. L. J. ,1976.Lesão térmica e recuperação de Saccharomyces cerevisiae. Ciência dos alimentos. 41:136 -137.

Stevenson, K. E. e Graumlich T. R. ,1978. Lesões e recuperação de leveduras e bolores. Avanços em microbiologia aplicada. 23:203 -217.

Stratford M. 2002. *Candida davenportii* sp. Nov., uma potencial levedura de deterioração de refrigerantes isolada de uma vespa. Int J Syst Evol Micr 52(4):1369-75.

Stratford, M. , Steels, H., Nebe-von-Caron ,G., Novodvorska,M., Hayer , K.e David,B. A.(2013). Resistência extrema a conservantes de ácido fraco na levedura de deterioração Zygosaccharomyces *bailii.* Jornal Internacional de Microbiologia Alimentar. 166 (1): 126-134.

Stratford, M. , Nebe-von-Caron ,G., Steels, H.,Novodvorska,M., Ueckert, J.e David. B. A.(2013).Conservantes de ácidos fracos: pH e movimentos de protões na levedura Saccharomyces cerevisiae. International Journal of Food Microbiology. 161(3):164-171.

Stratford, M., Steels ,H., Nebe-von-Caron, G., Avery, S.V., Novodvorska, M. e Archer, D.B. (2014). Heterogeneidade e dinâmica populacional na cultura inicial e adaptação da fase lag da levedura de deterioração Zygosaccharomyces bailii a conservantes ácidos fracos. Jornal Internacional de Microbiologia Alimentar. 181:40-7.

Strelblova, E.: Divisão celular em leveduras. In: Avanços recentes em Microbiologia. Proc. 10th Int. Congr, Microbiol. (editado por Perez-Miravette A.; Pelaez, D). Cidade do México, D,C., México ,1985. 131-140.

Su, W. e Beuchat, L. R. ,1984. Efeito combinado do meio de crescimento, idade e fase de esporulação na resistência ao calor e recuperação de *Hansenula anomala.* Mycopathol. 87:129-134.

Su, W., Beuchat, L. R., e Worthington, R. E. ,1985. Desenvolvimento independente da resistência ao calor e dos ascósporos de *Hansenula anomala.* Can. J. Microbiol. 31:45-49.

Sumner, E. R. e Avery, S. V. ,2002. Phenotypic heterogeneity: differential stress resistance among individual cells of the yeast *Saccharomyces cerevisiae* (Heterogeneidade fenotípica: resistência diferencial ao stress entre células individuais da levedura *Saccharomyces cerevisiae).* Microbiologia 148:345-351.

Tapia de Daza, M. S., Aguilar, C. E., Roa,V., e Diaz deTablante, R.V. ,1995. Efeitos combinados do stress no crescimento de *Zygosaccharomyces rouxii* a partir de produtos de papaia de humidade intermédia. J. Food Sci. 60:356-359.

Tapia de Daza, M. S., Alzamora, S. M., e Chanes, J. W. ,1996. Combinação de factores de conservação aplicados ao processamento mínimo de alimentos. Crit. Rev. Food Sci. Nutr. 36:629-659.

TCCC, EUA, 2013. The Coca-Cola Company, Atlanta, EUA. http://www.coca-colacompany.com/brands/soft-drinks (Recuperado em 9 de agosto de 2013).

Théraud, M., Bédouin, Y., Guiguen, C., e Gangneux, J.-P. ,2004. Eficácia de anti-sépticos e desinfectantes em isolados de leveduras clínicas e ambientais em condições planctónicas e de biofilme. J. MEd. Microbiol. 53:1013-1018.

Thomann, R. J., Ehrich, J. e Bauermann, U. ,1993.Destilação e utilização de óleos essenciais de endro, aipo, amoreira e salsa produzidos na Alemanha". Ata Horticulture. 333: 101 - 111.

Terry, R. C. e Overcast, W. W. ,1976. Um perfil microbiológico de saladas preparadas comercialmente. J. Food Sci. 41:211-213.

Tilbury, R. H. (1980a) Xerotolerant (osmophilic) yeasts. *In:* Biology and Activities of Yeasts. (eds. Skinner, F.A., Passmore, S., e Davenport, R. R.). Academic Press, Londres. 153-180.

TNI Conflict & Debate Paper 13, 13 de maio de 2006. Coca Sim, Cocaína Não? Legal Options for the Coca Leaf. Transnational Institute Conflict & Debate Paper 13, 2006. http://www.tni.org/reports/drugs/debate13.pdf (Recuperado em 9 de agosto de 2013).

Tokouka, K. e Ishitani, T. , 1991 Actividades hídricas mínimas para o crescimento de leveduras isoladas de alimentos com elevado teor de açúcar. J. Gen. Appl. Microbiol. 37:111-119.

Tokouka, K., Ishitani, T., Goto, S., e Komagata, K. ,1985. Identificação de leveduras isoladas de alimentos com elevado teor de açúcar. J. Gen. Appl. Microbiol. 31:411-427.

Torreggiani, D., Stecchini, M., e Beuchat, L. R. ,1985. Survival and injury of *Saccharomyces cerevisiae* as influenced by exposure to organic acids and sucrose during thermal stress. Lebensm. Wiss. Technol.18: 305-310.

Torok, T. e King, A. D. , 1991 Cinética de inativação térmica de leveduras de origem alimentar. J. Food Sci. 56:6-9.

Torok, T. e Reichart, O. ,1983. Cinética de inativação térmica de leveduras tolerantes ao açúcar. Eur. J. Appl. Microbiol. Biotechnol. 17:191-196.

Trott, A. e Morano, K.A. ,2003. A resposta da levedura ao choque térmico. *In:* Yeast Stress Responses (Eds. Hohman, S. e Mager, W. H.). Springer, Berlim. pp. 71-119.

Trumble, J.T., 2002. Caveat emptor: considerações de segurança para produtos naturais utilizados no controlo de artrópodes. Am. Entomol. 48, 7-13.

Truong VT. 2007. O efeito dos complexos de inclusão ácido cinâmico-ciclodextrina nas populações de *Esherichia coli* O157:H7 e *Salmonella enterica* em sumos de fruta. Tese.

Truong VT, Boyer RR, McKinney JM, O'Keefe SE, Williams RC. 2010. Efeito dos complexos de inclusão de aciclodextrina-ácido cinâmico nas populações de *Escherichia coli* O157:H7 e *Salmonella enterica* em sumos de fruta. J Food Protect 73 (1) : 92-96.

Tserennadmid, R., Tako, M., Galgoczy, L., Papp, T., Pesti, M., Vagvolgyi, C., Almassy, K.e Krisch, J. ,2011. Actividades anti-fermento de alguns óleos essenciais em meio de crescimento, sumos de fruta e leite. Jornal Internacional de

Microbiologia Alimentar. 144(3):480-6.

Tsuchido, T., M. Okazaki, e I. Shibasaki. 1972. Efeito potenciador de químicos na lesão térmica de microrganismos. II. Mecanismo do efeito potenciador do ácido sórbico sobre a lesão térmica de *Candida utilis.* J. Ferment. Technol. 50:341-348.

Turgis,M., Han,J., Caillet,S. e Lacroix,M . Atividade antimicrobiana do óleo essencial de mostarda contra Escherichia coli O157:H7 e Salmonella typhi. ,1984. Food Control. 20 (12): 1073-1079

Turkel, S., Turgut, T., e Kayakent, N. ,2006. Efeito do stress osmótico na desrepressão da síntese de invertase em leveduras não convencionais. Lett. Appl. Microbiol. 42:78-82.

Tyagi, A.K., Gottardi, D., Malik, A., Guerzoni, M.E., 2013. Atividade anti-levedura do óleo de mentha e vapores através de ensaios in vitro e in vivo (sumos de fruta reais). Food Chem. 137 (1-4): 108-114.

Ribeiro MJS, Reinders A, Boller T, Wiemken A, Virgilio CD. 1997. A síntese de trealose é importante para a aquisição de termotolerância em *Schizosaccharomyces pombe.* Mol Microbiol 25(3):571-81.

Roller, S., Seedhar, P., 2002. O carvacrol e o ácido cinâmico inibem o crescimento microbiano em melão e kiwis frescos cortados a 4 °C e 8 °C. Lett. Appl. Microbiol. 35: 390-394.

Ucla, Y., Matsuoka, H., Shima, H. e Kumagami, H. ,1993. Atividade antimicrobiana de produtos solúveis em água derivados do óleo de mostarda de rabanete e identificação de um componente ativo nos mesmos. Nippon Shokunin Kogyo Gakkaishi. 40: 801 - 806.

Uyttendaele, M., Neyts, K., Vanderswalmen, H., Notebaert, E., Debevere, J., 2004. Controlo de *aeromonas* em vegetais minimamente processados por descontaminação com ácido lático, água clorada ou solução de óleo essencial de tomilho. Int. J. Food Microbiol. 90: 263-271.

Valero, M., Giner, M.J., 2006. Efeitos de componentes antimicrobianos de óleos essenciais no crescimento de *Bacillus cereus* INRA L2104 e nas qualidades sensoriais do caldo de cenoura. Int. J. Food Microbiol. 106 (1): 90-94.

Van der Aa Kühle, A. e Jespersen, L. ,2003. A posição taxonómica de *Saccharomyces boulardii* avaliada pela análise da sequência do domínio D1/D2 do 26S rDNA, da região ITS1-5.8S rDNA e do gene mitocondrial *citocromo-c* oxidase II. Sistema. Appl. Microbiol. 26:564-571.

Van der walt, J.P.,1997. As leveduras - um conspecto. Stud. Mycol. 30: 19-31.

Vaughan-Martini, A. e Martini, A. ,1995. Factos, mitos e lendas sobre os principais microrganismos industriais. J. Ind. Microbiol. 14:514-522.

Vaux, B., 2011. Qual é o seu termo genérico para uma bebida gaseificada açucarada? Inquérito ao Dialeto de Harvard.

http://www4.umw.edu/fll/linguistics/dialect/staticmaps/q_105.html (Recuperado em 9 de agosto de 2013).

Vermeiren, L., Devlieghere, F., Debevere, J., 2002. Eficácia de alguns conceitos recentes de embalagem antimicrobiana. Food Addit. Contam. 19, 163-171.

Villa-Carvajal, M., Querol, A., e Belloch, C. ,2006. Identificação de espécies do género *Pichia* por restrição dos espaçadores transcritos internos (ITS1 e ITS2) e do gene 5.8S do ADN ribossómico. A. van Leeuwenhoek 90:171-181.

Virgilio Cd, Simmen U, Hottiger T, Boller T, Wiemken A. 1990. O choque térmico induz enzimas do metabolismo da trealose, acumulação de trealose e termotolerância em *Schizosaccharomyces pombe,* mesmo na presença de ciclohexímida. Fed Euro Biochem Soc Lett 273(1,2):107-10.

Viuda-Martos, M., Ruiz-Navajas, Y., Fernandez-Lopez, J., Perez-Älvarez, J.A., 2011. Especiarias como alimentos funcionais. Crit. Rev. Food Sci. Food Saf. 51:13-28.

Waite JG, Jones JM, Yousef AE. 2009. Isolamento e identificação de microrganismos de deterioração utilizando meios de base alimentar combinados com sequenciação do ADN: o molho para rancho como alimento modelo. Food Microbiol. 26:235-9.

Wallis, A., A. Inibição de leveduras de deterioração usando óleos essenciais de especiarias e seus componentes. (2013). Dissertação de Mestrado, Universidade do Tennessee.

Wang, C.Y., Wang, S.Y., Yin, J.J., Parry, J., Yu, L.L., 2007. Melhoria das actividades antioxidantes, antiproliferação e de eliminação de radicais livres em morangos com óleos essenciais. J. Agric. Food Chem. 55: 6527-6532.

Wang, H., Yih, K., Huang, K., 2010. Estudo comparativo da atividade antioxidante de quarenta e cinco óleos essenciais comummente utilizados e dos seus potenciais compostos activos. J. Food Drug Anal. 18 (1):24-33.

Webb, A. H.e Tanner,F. W. (1945). Efeito de especiarias e materiais aromatizantes no crescimento de leveduras. Food residence. 10: 273.

Welscher YM, Napel HH, Balague MM, Souza CM, Riezman H, Kruijff Bd, Breukink E. 2008. A natamicina bloqueia o crescimento fúngico ligando-se especificamente ao ergosterol sem permeabilizar a membrana. J Biol Chem 283(10):6393-401.

Welthagen, J.J.; Viljoen, B.C.,1997. Comparação de dez meios para a contagem de leveduras em produtos lácteos. Fd Res. Internat. 30 :207-211.

Wilkins, K. M. e Board, R. G. ,1989. Sistemas antimicrobianos naturais. Capítulo 11 em G. W. Gould (Ed.), Mechanisms of action of food preservation procedures. Elsevier Applied Science. London.

Xing, Y., Li, X., Xu, Q., Yun, J., Lu, Y., 2010. Actividades antifúngicas da canela contra *Rhizopus nigricans, Aspergillus flavus* e *Penicillum expansum* in vitro e teste de frutos in vivo. Int. J. Food Sci. Technol. 45 (9):1837-1842.

Yamada, Y., Maeda. K., e Banno, I. ,1992 Uma emenda de *Kloeckeraspora* Niehaus com a espécie-tipo *Kloeckeraspora osmophila* Niehaus, e a proposta de duas novas combinações, *Kloeckeraspora occidentalis* e *Kloeckeraspora vinea* (Saccharomycetaceae). Bull. Jpn. FEd. Cult. Collect. 8:79-85.

Yamada, Y., Nagahama, T., e Banno, I. (1994b) As relações filogenéticas entre as espécies do género *Metschnikowia* Kamienski e os géneros relacionados com base nas sequências parciais dos RNAs ribossómicos 18S e 26S (Metschnikowiaceae). Bull. Fac. Agric. Shizuoka Univ. 44:9-20.

Yarrow, D., 1984. *Saccharomyces* Meyen ex Reess. *In:* The Yeast, a Taxonomic Study, 3rd Ed. (Ed. Kreger van-Rij, N. J.W.). Elsevier, Amesterdão.379-395.

Yoshida, S., Kasuga, S., Hayashi, N., Ushivoguchi, T., Matusura, H. e Nakagawa, S., 1997. Atividade antifúngica do ajoene derivado do alho. Applied and Environmental Microbiology.53: 615 - 617.

Zaika, L. L., 1973.Especiarias e ervas aromáticas; a sua atividade antimicrobiana e a sua determinação. Segurança alimentar. 9: 97 - 118.

Zeyl, C., 2004. Capturando a mutação adaptativa em leveduras. Res. Microbiol. 155:217-223.

Zhang, H., Zheng, X.D., Yu, T., 2007. Controlo biológico de doenças pós-colheita do pêssego com *Cryptococcus laurentii.* Food Control. 18: 287-291.

Zheng L, Bae Y-M, Jung K-S, Heu S, Lee S-Y. 2013. Atividade antimicrobiana de substâncias antimicrobianas naturais contra bactérias de deterioração isoladas de produtos frescos. Food Control 32(2):665-72.

Zuzuarregui, A. e del Olmo, M., 2004. Expressão de genes de resposta ao stress em estirpes de vinho com diferentes comportamentos fermentativos. FEMS Yeast Res. 4:699710.